校企(行业)合作
系列教材

Java程序设计教程

主　编：黄朝辉

副主编：陈建辉

参　编：林建兵　张勇敢　杨宗强

U0216430

厦门大学出版社 国家一级出版社
XIAMEN UNIVERSITY PRESS 全国百佳图书出版单位

图书在版编目（CIP）数据

Java 程序设计教程 / 黄朝辉主编. -- 厦门：厦门
大学出版社，2018.1（2023.1 重印）
　　ISBN 978-7-5615-6817-0

　　Ⅰ．①J… Ⅱ．①黄… Ⅲ．①JAVA 语言－程序设计－
高等学校－教材　Ⅳ．①TP312.8

　　中国版本图书馆CIP数据核字(2017)第318000号

出 版 人	郑文礼
责任编辑	陈进才
装帧设计	蒋卓群
技术编辑	许克华

出版发行	*厦门大学出版社*
社　　址	厦门市软件园二期望海路 39 号
邮政编码	361008
总 编 办	0592-2182177　0592-2181253(传真)
营销中心	0592-2184458　0592-2181365
网　　址	http://www.xmupress.com
邮　　箱	xmupress@126.com
印　　刷	厦门市金凯龙印刷有限公司

开本	787 mm×1 092 mm　1/16
印张	14.75
插页	1
字数	358 千字
版次	2018 年 1 月第 1 版
印次	2023 年 1 月第 4 次印刷
定价	39.00 元

本书如有印装质量问题请直接寄承印厂调换

厦门大学出版社
微信二维码

厦门大学出版社
微博二维码

前 言

自 Sun 公司 1995 年正式推出 Java 语言以来,Java 语言以其独到的特性——简单易学、面向对象、跨平台、安全、稳健、支持分布、多线程和无线应用等,历经 20 多年逐步发展成为当今流行的一种纯面向对象、网络编程首选的程序设计语言。Java 不仅是一门受欢迎的程序设计语言,也已形成一门专门的技术,从智能卡应用、手持式电子消费类产品应用、桌面应用到大型复杂的企业级应用,都有 Java 的活跃身影。Java 作为软件开发的一种革命性技术,已成为网络时代世界信息技术的主流之一。

随着社会对 Java 人才需求的增加,国内各高校计算机、电子信息和通信等理工科专业都先后开设了 Java 类课程,Java 语言课程日趋普及。本教材旨在满足高等院校 Java 类课程的教学与实践需要,以 Java 编程者的入门和提高编程能力为着手点,从 Java 语言基础、面向对象方法、网络环境下的应用与开发、高级应用 4 个层面,全面介绍了 Java 语言规范、Java 面向对象的编程机制、Java 基本类库、图形用户界面设计、Java 多线程机制、Java 网络编程技术、Java 与数据库连接等。

本书在内容安排上力求通俗易懂、由易到难、循序渐进、图文并茂,并配合大量实用、经典的编程实例,以及每章后的思考题和上机练习题。即使是没有编程经验的新手,通过本书的阅读和学习也可以较快地掌握 Java 编程技术,并将本书介绍的大量应用实例运用到实际开发中去。本书可作为高等院校 Java 语言课程的教材,也可供从事网络技术、软件开发的专业人员参考,或适合于编程开发人员培训、广大 Java 爱好者参考与自学使用。

本书编著者队伍由大学的计算机教师和计算机公司的程序设计员组成,他们有丰富的教学和实践经验。本书由黄朝辉(莆田学院)任主编,陈建辉(莆田学院)任副主编,林建兵(莆田学院)、张勇敢(莆田学院)和杨宗强[中软国际(厦门)公司]参与部分章节的编写工作,全书由黄朝辉统稿。

本书在编写过程中,得到了福州大学博士生导师叶东毅教授、厦门大学嘉庚学院张思民教授的精心指导,他们提出的宝贵意见使本书更趋完善。此外,本书的编写与出版也得到了莆田学院、中软国际(厦门)公司和厦门大学出版社的大力支持和帮助,在本书即将出版之际一并表示衷心的感谢。

本书的编写主要依据 Java SE 标准,融入了编著者们多年程序设计的教学经验和使用 Java 开发应用的经验。写作过程中所参考的书籍资料,书中恕不一一注明出处,这些资料源自众多的大学、研究机构、商业团体以及一些研究 Java 编程的个人,对他们推动 Java 编程的应用和发展谨此致谢,其原文版权属于原作者,特此声明。

由于本书编写时间和编者自身水平有限,书中难免存在不妥之处,诚恳希望广大读者提出宝贵的意见和建议,以使本书的质量得到进一步的提高。

编著者

2017 年 10 月

目　　录

第 1 章　**Java 概述** ……………………………………………………………… 1

　1.1　Java 发展简史与特点 ……………………………………………………… 1

　　1.1.1　Java 发展简史 ………………………………………………………… 1

　　1.1.2　Java 特点 ……………………………………………………………… 2

　1.2　Java 开发与运行环境 ……………………………………………………… 3

　　1.2.1　Java 平台 ……………………………………………………………… 3

　　1.2.2　JDK 下载与安装 ……………………………………………………… 4

　　1.2.3　Java 工具集 …………………………………………………………… 11

　　1.2.4　Eclipse 下载与安装 …………………………………………………… 11

　1.3　Java 程序简介 ……………………………………………………………… 13

　　1.3.1　Java 应用程序 ………………………………………………………… 13

　　1.3.2　Java 小应用程序 ……………………………………………………… 16

　本章小结 ………………………………………………………………………… 18

　习题 ……………………………………………………………………………… 19

第 2 章　**Java 编程基础** ………………………………………………………… 20

　2.1　Java 标识符、关键字与注释符 …………………………………………… 20

　　2.1.1　Java 标识符 …………………………………………………………… 20

　　2.1.2　Java 关键字 …………………………………………………………… 21

　　2.1.3　Java 注释符 …………………………………………………………… 21

　2.2　Java 数据类型、常量与变量 ……………………………………………… 21

　　2.2.1　Java 数据类型 ………………………………………………………… 21

　　2.2.2　常量与变量 …………………………………………………………… 23

　2.3　运算符与表达式 …………………………………………………………… 28

　　2.3.1　算术运算符与算术表达式 …………………………………………… 28

　　2.3.2　关系运算符与关系表达式 …………………………………………… 29

　　2.3.3　逻辑运算符与逻辑表达式 …………………………………………… 29

　　2.3.4　赋值运算符与赋值表达式 …………………………………………… 30

　　2.3.5　复合赋值运算符与复合赋值表达式 ………………………………… 31

　　2.3.6　条件运算符与条件表达式 …………………………………………… 31

　　2.3.7　位运算符与位运算表达式 …………………………………………… 31

　　2.3.8　其他运算符 …………………………………………………………… 33

2.3.9 运算符的优先级与结合性 ······························· 34

2.3.10 数据类型的转换 ····································· 35

2.4 程序控制语句 ··· 38

2.4.1 选择结构程序控制语句 ································ 38

2.4.2 循环结构程序控制语句 ································ 47

2.4.3 跳转控制语句 ·· 52

2.5 数组与字符串 ··· 54

2.5.1 一维数组 ·· 54

2.5.2 二维数组 ·· 56

2.5.3 数组应用举例 ·· 58

2.5.4 字符串 ·· 63

本章小结 ·· 68

习题 ·· 68

第3章 Java 面向对象程序设计 ································· 69

3.1 面向对象程序设计基础 ····································· 69

3.1.1 对象与类的基本概念 ·································· 69

3.1.2 面向对象程序设计的特性 ······························ 71

3.1.3 面向对象程序设计的优势 ······························ 71

3.2 类 ·· 71

3.2.1 类的定义 ·· 72

3.2.2 成员变量 ·· 73

3.2.3 成员方法 ·· 74

3.3 对象 ··· 75

3.3.1 创建对象 ·· 76

3.3.2 使用对象 ·· 76

3.3.3 释放对象 ·· 78

3.3.4 构造方法初始化对象 ·································· 79

3.4 类的封装 ··· 83

3.4.1 访问控制修饰符 ······································ 83

3.4.2 静态修饰符 static ···································· 86

3.5 继承与多态 ··· 87

3.5.1 子类的定义 ·· 88

3.5.2 成员变量的隐藏 ······································ 89

3.5.3 成员方法的重写与重载 ································ 90

3.5.4 子类的构造方法 ······································ 92

3.5.5 最终类与抽象类 ······································ 94

3.5.6 多态性 ·· 98

3.6 接口与包 ·· 98

3.6.1 接口的定义 ··· 98

3.6.2 接口的实现 ··· 99

3.6.3 包的创建与应用 ··· 101

3.7 常用类 ··· 103

3.7.1 Math 类 ·· 103

3.7.2 Random 类 ··· 104

3.7.3 Arrays 类 ··· 106

3.7.4 Date 类、Calendar 类与 SimpleDateFormat 类 ····················· 109

3.8 异常处理 ·· 113

3.8.1 什么是异常 ··· 113

3.8.2 Java 异常处理机制 ·· 115

3.8.3 自定义异常 ··· 119

本章小结 ·· 121

习题 ··· 121

第 4 章 图形用户界面设计 ··· 122

4.1 AWT 和 Swing ··· 122

4.1.1 AWT ·· 122

4.1.2 Swing ·· 122

4.2 容器与组件 ··· 124

4.2.1 容器 ·· 124

4.2.2 组件 ·· 125

4.2.3 内容窗格 ·· 125

4.3 布局管理器 ··· 127

4.3.1 BorderLayout 布局管理器 ·· 127

4.3.2 FlowLayout 布局管理器 ··· 129

4.3.3 GridLayout 布局管理器 ··· 130

4.3.4 CardLayout 布局管理器 ··· 132

4.3.5 不使用布局管理器 ·· 135

4.4 事件机制 ·· 137

4.4.1 事件处理三要素 ·· 137

4.4.2 监听器 ·· 138

4.4.3 适配器 ·· 141

4.5 常用组件 ·· 143

4.5.1 按钮 ·· 143

4.5.2 文本框 ·· 146

4.5.3 菜单 ·· 148

4.5.4　Java 基本绘图 ……………………………………………………………… 152

本章小结 ………………………………………………………………………………… 155

习题 …………………………………………………………………………………………… 155

第 5 章　输入/输出流 …………………………………………………………………… 156

5.1　输入输出基本概念 …………………………………………………………………… 156

5.1.1　流的概念 ……………………………………………………………………… 156

5.1.2　输入输出流类概述 …………………………………………………………… 157

5.2　字节流 ………………………………………………………………………………… 158

5.2.1　InputStream …………………………………………………………………… 158

5.2.2　OutputStream …………………………………………………………………… 159

5.2.3　字节流读写文件 ……………………………………………………………… 160

5.3　字符流 ………………………………………………………………………………… 161

5.3.1　Reader …………………………………………………………………………… 161

5.3.2　Writer …………………………………………………………………………… 162

5.3.3　字符流读写文件 ……………………………………………………………… 162

本章小结 ………………………………………………………………………………… 163

习题 …………………………………………………………………………………………… 164

第 6 章　多线程 ……………………………………………………………………………… 165

6.1　线程概述 ……………………………………………………………………………… 165

6.2　线程的创建 …………………………………………………………………………… 166

6.2.1　Thread 类与 Runnable 接口 ………………………………………………… 166

6.2.2　继承 Thread 类创建线程 …………………………………………………… 167

6.2.3　实现 Runnable 接口创建线程 ……………………………………………… 169

6.2.4　两种实现多线程方式的对比分析 …………………………………………… 170

6.3　线程的生命周期及状态转换 ………………………………………………………… 173

6.3.1　线程的生命周期 ……………………………………………………………… 173

6.3.2　线程的优先级与调度 ………………………………………………………… 175

6.3.3　线程状态的改变 ……………………………………………………………… 176

本章小结 ………………………………………………………………………………… 177

习题 …………………………………………………………………………………………… 178

第 7 章　网络编程 ………………………………………………………………………… 179

7.1　网络基础知识 ………………………………………………………………………… 179

7.1.1　TCP/IP 协议 ………………………………………………………………… 179

7.1.2　UDP 协议与 TCP 协议 ……………………………………………………… 181

7.1.3　IP 地址与端口号 ……………………………………………………………… 182

7.2　InetAddress 类与 URL 类 …………………………………………………………… 183

7.2.1　InetAddress 类 ………………………………………………………………… 183

7.2.2　URL 类 ·· 184

7.3　UDP 通信编程 ·· 186

7.3.1　DatagramPacket 类 ·· 187

7.3.2　DatagramSocket 类 ·· 187

7.3.3　UDP 通信编程实例 ·· 188

7.4　TCP 通信编程 ·· 194

7.4.1　ServerSocket 类 ·· 194

7.4.2　Socket 类 ·· 196

7.4.3　TCP 通信编程实例 ·· 196

7.5　综合实例 ·· 202

本章小结 ··· 216

习题 ·· 216

第 8 章　数据库编程 ··· 217

8.1　JDBC 技术概述 ·· 217

8.2　连接 Access 数据库 ··· 218

8.3　连接 MySQL 数据库 ·· 219

本章小结 ··· 221

习题 ·· 222

参考文献 ··· 225

第 1 章

Java 概述

 本章要点

- Java 发展简史、特点。
- Java 开发与运行环境。
- Java 程序类型、程序结构。
- 简单的 Java 应用程序与 Java 小应用程序的开发步骤。

1.1　Java 发展简史与特点

　　Java 是 Sun 公司于 1995 年 5 月正式推出的面向对象的程序设计语言,在当今程序设计高级语言已非常丰富的形势下,Java 能够脱颖而出,历经 20 多年仍为最流行的程序设计语言之一,有其必然的历史背景和独树一帜的非凡品质。

1.1.1　Java 发展简史

　　Java 的诞生与计算机语言细致的改进和不断发展密切相关,且与 C＋＋有着千丝万缕的联系,而 C＋＋又是从 C 语言派生而来的,因此 Java 继承了这两种语言的大部分特性,如:Java 的语法是从 C 继承的,Java 许多面向对象的特性又受到 C＋＋的影响。

　　20 世纪 90 年代初,Sun 公司资助的 Green 项目以 C＋＋为基础,开发用于智能型家用电器控制系统的一种新的程序设计语言(即 Oak 语言),后来 Sun 公司将该语言重新命名为 Java 语言,并在 1995 年 5 月 23 日的 Sun World 会议上正式发布了 Java 技术。这项举措立即在 IT 界引起了轰动,这一天也被 IT 界视为 Java 语言诞生日。随着 Java 的不断完善和适合于网络编程,1996 年 Sun 发布了 JDK 1.0,引起广大厂商的兴趣并购买许可证用于产品的开发,其中包括 IBM、Apple、DEC、Netscape、Oracle、Borland、Microsoft、SGI 等大公司,与此同时,各个软件厂商也都提供了对 Java 的接口支持。Java 经历了 JDK 1.0、JDK 1.1、JDK 1.2 及 JDK 1.3 版本,1998 年 12 月,Sun 公司发布了 Java 2 平台,该平台的发布是 Java 发展史上新的里程碑。Sun 公司将 Java 企业级应用平台作为发展方向,到目前 Java 已有了可扩展的企业级应用 Java 2平台 J2EE (Java 2 Enterprise Edition)、用于工作站和计算机的 Java 标准平台 J2SE

(Java 2 Standard Edition)和用于嵌入式 Java 消费电子平台 J2ME (Java 2 Micro Edition)三大成员。

Java 的迅猛发展得益于 Internet 的广泛应用,Internet 上的计算机使用了不同的操作系统和 CPU(central processing unit,中央处理器),只要安装了 Java 虚拟机就能够执行相同的 Java 程序。Java 以强大的功能成为当今网络时代的首选编程语言,也大大推动了分布式系统的快速开发和应用,为此,Java 语言拥有"互联网上的世界语"美誉。

1.1.2　Java 特点

Java 是目前使用最广泛的网络编程语言,Sun 公司白皮书将其描述为一种具有简单性、面向对象、可移植性、安全性、稳健性、分布性、多线程、动态性的程序设计语言。

1. 简单性

Java 由 C++简化改进而来,但略去其中指针、运算符重载、联合数据类型、类多重继承等难以理解、极少使用的模糊概念和功能,对于熟悉 C、C++的程序设计者或 Java 初学者,只需要理解一些基本概念,就可以编写出适合各种情况的应用程序。Java 通过增加垃圾收集功能来实现自动回收内存中的无用信息,从而大大简化了设计者的内存管理工作。同时 Java 解释器、系统模块和运行模块都较小,便于在各种机型上运行,更适合从网上下载资料。

2. 面向对象

Java 是一种完全面向对象的程序设计语言,它提供了简单的类机制和动态的接口(interface)模型,使程序设计者的设计焦点集中于对象及其接口,这里的对象是指应用程序的数据及其操作方法,且 Java 只支持类的单继承,涉及多继承问题是通过接口机制来解决,从而实现了模块化、信息封装和代码的重用,使 Java 面向对象编程变得更加灵活。

3. 可移植性

Java 的基本数据类型长度是固定而独立于平台的,字符串使用标准的 Unicode 字符集进行存储,类库也实现了可移植不同平台的接口。Java 程序编译后产生的中间码是一种与具体机器指令无关的指令集合,这种代码可以在任何一台安装了 Java 虚拟机(JVM)的计算机上正确运行。与平台无关的特性使 Java 程序可以方便地被移植到网络上的不同机器。

4. 安全性

Java 是一种安全的网络编程语言,不支持指针,一切对内存的访问都必须通过对象的实例来实现,这样既能够防止他人使用欺骗手段访问对象的私有成员,也能够避免指针操作中容易产生的错误。此外,Java 的运行环境还具有字节码校验器、运行时内存布局、类装载器和文件访问限制等安全保障机制,以及 Java 虚拟机的"沙箱"运行模式,这些都能有效地防止病毒的侵入和破坏行为的发生。

5. 稳健性

由于 Java 程序在编译和运行时都要对可能出现的问题进行检查,因此在多种情况下都能稳定执行。Java 有一个专门的指针模型,其作用是防止内存中数据出现被覆盖或毁损的可能,同时,Java 还提供了集成面向对象的异常处理机制,对出现的错误进行控制和处理,以防止系统的崩溃。

6.分布性

Java 是面向网络的语言,它提供了内容丰富的网络类库,可以处理 HTTP、FTP 等 TCP/IP协议,它还提供了一个名为 URL 的对象,利用该对象 Java 程序可以很方便地访问网络资源。Java 小程序可以从服务器下载到客户端,将部分计算放在客户端进行,提高系统的执行效率。

7.多线程

多线程是开发功能强大、复杂程序所必备的手段之一,Java 同样具备多线程机制,通过使用多线程,程序设计者可以分别使用不同的线程完成特定的行为,进而有效提高实时响应能力。Java 的同步机制也保证了对共享数据的共享操作。Java 多线程技术使网上实时交互实现更容易,并为解决网上大数量的客户访问提供了技术基础。

8.动态性

Java 比 C++语言更具动态性,更能适应不断发展变化的运行环境。Java 的类是在运行时动态加载的,因此在类库中,可以自由地加入新的方法和实例变量,但不会影响用户程序的执行,并且 Java 通过接口机制支持多重继承,使之比严格的类继承更具有灵活性和扩展性。

1.2　Java 开发与运行环境

Java 程序的开发通常需要编写源程序、编译生成字节码和运行三个过程,除编写源程序可以使用任何文本编辑器(如操作系统自带的记事本、写字板等)完成外,编译和运行还需要在用户计算机系统中安装所谓的 Java 平台。Java 平台由 Java 虚拟机(Java Virtual Machine,简称 JVM)和 Java 应用程序接口(Application Programming Interface,简称 API)构成,Oracle 公司(注:2009 年收购 Sun 公司)为 Java 平台提供可免费下载的 Java 开发工具集(Java Developers Kits,简称 JDK)。本节将简单介绍 Java 平台、Java 开发工具集(JDK)下载与配置、Eclipse 集成开发环境下载与安装。

1.2.1　Java 平台

Java 程序的开发流程如图 1-1 所示。

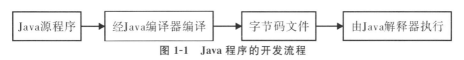

图 1-1　Java 程序的开发流程

Java 虽然是遵循"跨平台"思路开发出来的解释型编程语言,但与传统解释型语言不同,Java 源程序首先经过 Java 编译器编译成特定的二进制字节码。Java 字节码是一种与具体机器指令无关的指令集合,不能被计算机直接执行,还需要由 Java 虚拟机中的 Java 解释器解释执行。

Java 虚拟机是 Java 平台的基础、Java 运行环境的核心,Java 虚拟机中的 Java 解释器(java.exe)负责将 Java 字节码解释成特定的机器码并执行。也就是说,任何安装有 Java 虚拟机的处理器(包括计算机和其他电子设备)都可以安全并且兼容地执行 Java 字节码,而不论最初开发 Java 程序的是何种计算机系统,从而实现了 Java 的跨平台和可移植特性。

Java 平台中的 Java 应用程序接口(API)是大量已编译好的程序代码库,它使程序员可以直接添加现成可定制的功能,以节约编程时间。通常把 Java API 称为类库,它提供了丰富的 Java 资源,许多 Java 平台还补充了扩展类。

Java 源程序、Java 平台和操作系统的关系如图 1-2 所示,从中可看出 Java 平台是 Java 源程序与操作系统之间的接口。

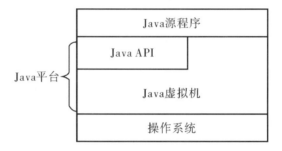

图 1-2　**Java** 平台与 **Java** 源程序和操作系统的关系

1.2.2　JDK 下载与安装

开发 Java 程序,必须先安装 Java 开发工具集(JDK)。安装 JDK 后,系统便为 Java 程序提供了开发和运行环境。读者可以很方便地从 Oracle 公司网站(http://www.oracle.com/technetwork/java/javase/downloads/index.html)或其他软件站点,下载适合于自己计算机操作系统的 JDK。在此仅介绍在 Windows 7 操作系统下的 JDK 的安装与使用,编写本书时最新的 JDK 版本是 JDK8,下载的 JDK 安装文件名为"jdk-8u131-windows-x64.exe"。

1. 安装 JDK

(1)双击下载成功的 JDK 安装文件"jdk-8u131-windows-x64.exe",出现如图 1-3 所示的 JDK 安装向导界面。

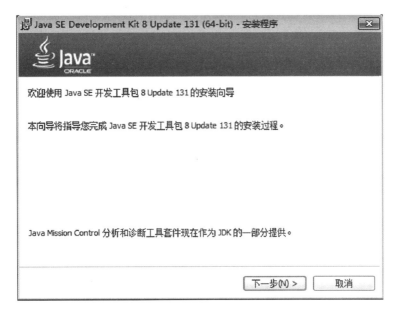

图 1-3　JDK 安装向导界面

（2）单击"下一步"按钮进入 JDK 安装选择界面，如图 1-4 所示。

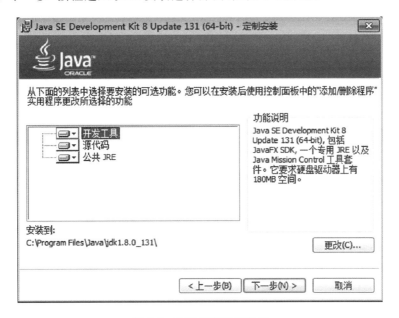

图 1-4　JDK 安装选择界面

（3）单击"更改"按钮可选择安装目录，在自定义安装程序的功能时，建议选择全部功能。

(4)单击"下一步"按钮进行安装,弹出如图 1-5 所示的 Java 运行环境(Java Runtime Environment,JRE)的安装提示,单击"更改"按钮可更改目标文件夹(如选择"D:\Program Files\Java\jdk_jre");单击"下一步"按钮出现 JRE 安装过程界面,如图 1-6 所示。

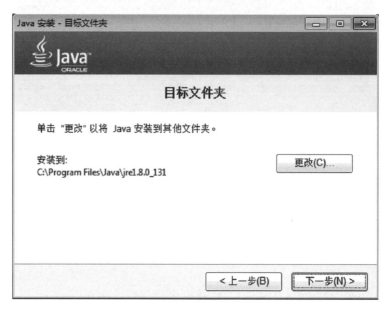

图 1-5　JRE 安装提示

图 1-6　JRE 安装过程界面

（5）最后弹出如图 1-7 所示的安装成功界面，单击"关闭"按钮，即完成 JDK 的安装。

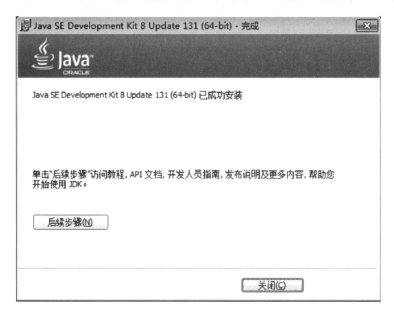

图 1-7　JDK 安装成功界面

2.设置环境变量

JDK 安装成功后，还需要对操作系统的环境变量进行设置。

（1）在 Windows 操作系统桌面上右击"计算机"图标，在快捷菜单中选择"属性"命令，在如图 1-8 所示"系统"窗口单击左侧面板上的"系统保护"按钮，在随后弹出的"系统属性"对话框中选中"高级"选项，如图 1-9 所示。

图 1-8　"系统"窗口

图 1-9 "系统属性"对话框

(2)单击"环境变量"按钮,打开如图 1-10 所示的"环境变量"对话框。

图 1-10 "环境变量"对话框

（3）在"环境变量"对话框中单击"系统变量（S）"选项组下方的"新建"按钮，在弹出的"新建系统变量"对话框中输入变量名"JAVA_HOME"，用于指定 JDK 的位置（即 JDK 的安装目录），其变量值为"C：\Program Files\Java\jdk1.8.0_131"，单击"确定"按钮完成设置，如图 1-11所示。

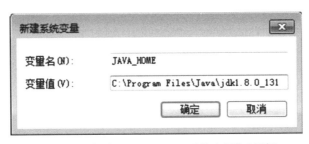

图 1-11　"新建 JAVA_HOME 系统变量"对话框

（4）按同样方式，新建系统环境变量"CLASSPATH"，用于 Java 加载类（Class 或 lib）的路径，其变量值为".；%JAVA_HOME%\lib"，其中"."不能少，它表示当前目录。单击"确定"按钮完成设置，如图 1-12 所示。

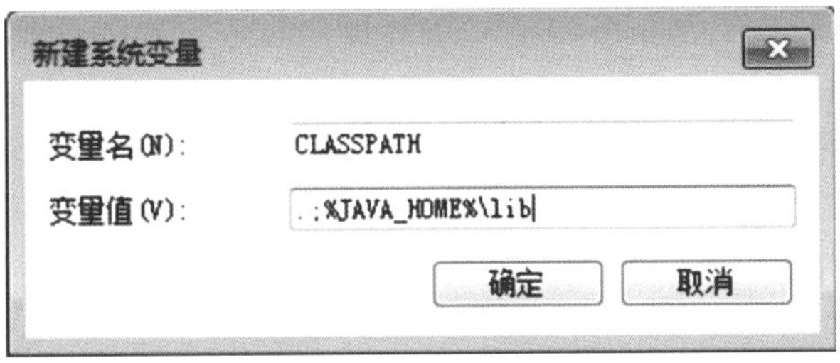

图 1-12　"新建 CLASSPATH 系统变量"对话框

（5）在"系统变量"选项组中选取"Path"选项，用于安装路径下识别 Java 命令，单击其下方的"编辑"按钮弹出"编辑系统变量"对话框，在当前变量值后增加"；%JAVA_HOME%\bin"，单击"确定"按钮完成设置，如图 1-13 所示。

图 1-13　编辑 Path 系统变量

（6）安装并配置好 JDK 之后，选择 Windows 操作系统菜单"开始"→"运行"，输入"cmd"命令打开命令控制台窗口，在窗口中分别输入"Javac"和"Java"命令，如能看到如图 1-14 和图 1-15所示提示信息，说明设置正确，否则需要重新设置环境变量。

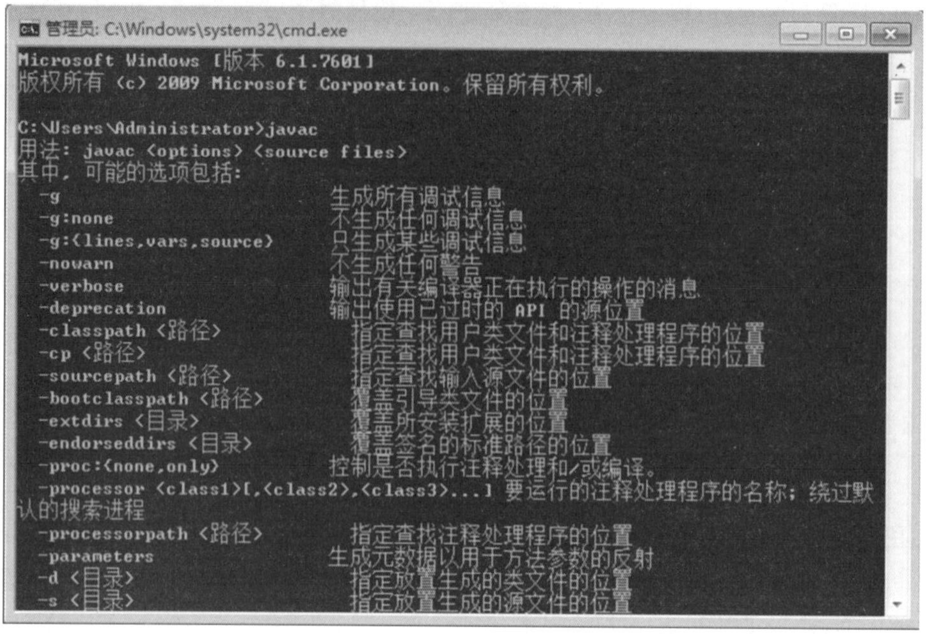

图 1-14　Javac 命令执行后提示信息

图 1-15　Java 命令执行后提示信息

1.2.3　Java 工具集

JDK 提供了丰富的开发和运行 Java 程序工具,其中常用基本工具(Basic Tools)主要如表1-1 所示。

表 1-1　JDK 的基本开发工具

文件名	名称	功能说明
javac. exe	Java 编译器	将 Java 源程序编译成字节码
java. exe	Java 解释器	解释执行 Java 应用程序字节码文件
appletviewer. exe	Java Applet 程序观察器	解释执行 Java Applet 程序字节码文件
jdb. exe	Java 程序测试器	用于帮助用户找到 Java 程序中的错误
javap. exe	类文件反编译器	反编译经编译后的 Java 文件
javadoc. exe	Java 文档生成器	分析 Java 源文件中的声明和文档注释,并生成关于 Java 源文件的 HTML 页面
javah. exe	头文件生成器	用于生成 C 语言头文件和 C 源文件,设计者可利用这些文件将 C 语言源代码装载入 Java 应用程序

JDK 安装并设置成功后,这些文件包含在"/java/bin"目录中,也可以在任何目录中运行。在 JDK 安装路径下通常含有以下目录:

(1)bin 目录:存放编程所用的工具。

(2)lib 目录:存放库文件。

(3)demo 目录:存放演示程序。

(4)include 目录:存放本地方式(Native means)。

(5)include-old 目录:存放旧版本的本地方式。

1.2.4　Eclipse 下载与安装

1. 下载与安装

Eclipse 是一个开放的可扩展的集成开发环境,不仅可用于 Java 桌面程序的开发,而且可以通过安装开发插件构建 Web 项目等开发环境。Eclipse 为开放源代码的项目,可以从 Eclipse官方网站 https://www.eclipse.org/downloads/相应下载栏目或其他软件站点下载,编写本书时下载的版本是"eclipse-SDK-4.5-win32-x86_64.zip"。

安装 Eclipse 时,只需解压"eclipse-SDK-4.5-win32-x86_64.zip"到一指定目录,如解压到 D 盘,则会自动生成一个名为"D:\eclipse"文件夹。

2. Eclipse 界面说明

双击已解压成功(如 D:\eclipse 文件夹中)的"eclipse.exe"文件,运行 Eclipse 集成开发环境。在第一次运行时,Eclipse 会提示选择工作空间(workspace),用于存储工作内容(本书选择"D:\workspace"作为工作空间),如图 1-16 所示。

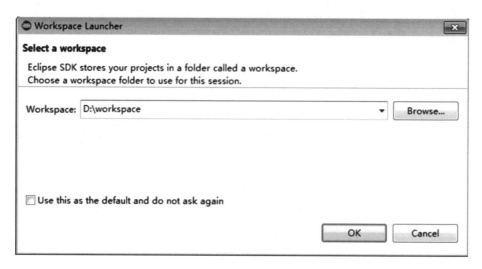

图 1-16　Eclipse 选择工作空间

选择工作空间后，Eclipse 打开工作空间，如图 1-17 所示。转到工作台窗口后，Eclipse 界面提供了一个或多个透视图，透视图中包含编辑器和视图（如导航器等）。由于篇幅限制，Eclipse集成开发环境的具体使用读者可参阅其他工具书等文献资料。

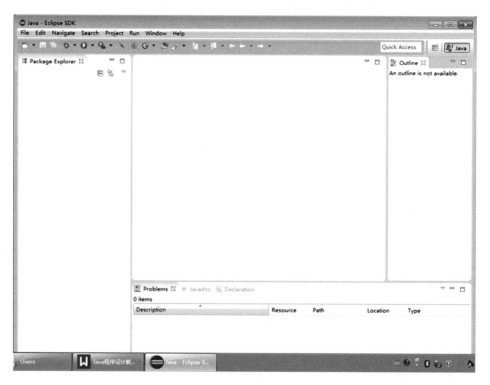

图 1-17　Eclipse 工作台

1.3　Java 程序简介

根据程序结构和运行环境的不同,常用的 Java 程序有两种类型:Java 应用程序(Java Application)和 Java 小应用程序(Java Applet)。本节通过实例分别介绍 Java 应用程序和Java 小应用程序的实现过程,并侧重介绍 Java 程序的基本结构和规范,使读者对 Java 程序有一个总体的印象。

1.3.1　Java 应用程序

Java 应用程序经编译后,可以在命令行调用独立的 Java 解释器(java.exe)直接运行,是能够独立在本地虚拟机(JVM)上执行的完整程序。Java 应用程序有且仅有一个主类(只包含一个 main()方法),main()方法是整个程序执行的起点。Java 应用程序的图形界面需要程序员在程序中自行构建。Java 应用程序的基本程序模式为:

```
class 用户自定义的类名        //声明类
{
  public static void main(String args[ ])       //声明 main( )方法
   {
     方法体
   }
}
```

以下以一个简单的 Java 应用程序,来说明编写 Java 源程序的基本规范、Java 应用程序的基本结构和开发步骤。

【例 1.1】编写第一个简单的 Java 应用程序,实现输出字符串:This is my first Java program.

1.编写源程序

```
//MyFirstApp.java
public class MyFirstApp        //声明公有类:MyFirstApp
{
  public static void main(String args[ ])        //声明 main( )方法
   {
     System.out.println("This is my first Java program.");        //实现字符串输出
   }
}
```

程序解析:

(1)第 1 行以"//"开头,表示为单行注释,注释是对程序的解释和说明,用于提高程序的可读性及使程序易于维护,在程序的编译和运行时不起作用。

(2)第 2 行用关键字 class 声明一新类,类名"MyFirstApp",并用关键字 public 声明为公有类。类定义由类头和类体两部分组成,类体部分用一对花括号"{ }"括起来,内容到第 6 行止。

(3)第 4 行在类中声明了一个 main()方法。作为能够独立解释运行的 Java 应用程序,Java规定有且仅有一个 main()方法作为整个程序运行的入口,这种 main()方法的书写格式为:

public static void main(String args[])

其中:public 关键字声明 main()方法可被其他任意类调用;static 关键字声明 main()方法为类方法,也称静态方法;void 则声明 main()方法执行后无返回值;String args[]是 main()方法的形式参数,args 为参数名,String 为参数类型,args[]表示为 String 类型的一维数组引用。

(4)第 5～7 行是 main()方法体部分,仍然用一对花括号"{ }"括起来。

(5)第 6 行 System. out. println("This is my first Java program. ");是 main()方法体中的一条语句,实现将字符串"This is my first Java program."输出到系统的标准输出设备(通常指系统显示屏)上,其中:System 是一个系统类;out 是 System 类的一个对象;println()是 out 对象的一个方法,实现向系统显示屏输出参数指定的字符串并回车换行。

编写 Java 程序时还需要注意的基本规范如下:

(1)Java 程序是由类构成的,类可以是 Java 系统类库提供的类,也可以是用户根据需要自定义的类。

(2)包含 main()方法的类称为主类。一个 Java 程序中可以有一个或多个类,但其中只能有一个主类,无论主类位置如何,程序都是从主类开始执行。

(3)Java 程序区分大小写,同一字母的大小写作为两个不同的字符。

(4)Java 程序中的每条语句都用一个分号作为结束标志。

(5)Java 程序编写好后应以文件形式保存,称为 Java 源程序文件或 Java 源文件。Java 源程序的文件名必须与主类名一致,且扩展名应是". java"。

以下是利用 Windows 操作系统自带的记事本或其他文本编辑器录入已编写的源程序,并将命名为"MyFirstApp. java"的源程序文件保存到指定目录(如"E:\MyPro"目录)下,如图 1-18所示。

```
//MyFirstApp. java
public class MyFirstApp              //声明公共类:MyFirstApp
{
   public static void main(String args[ ])         //声明main( )方法
   {
      System. out. println("This is my first Java program. ");    //实现字符串输出
   }
}
```

图 1-18 用记事本录入的"MyFirstApp. java"源程序

2.编译源程序

创建好 MyFirstApp.java 源程序后,就可以利用命令行调用 Java 编译器(javac.exe)对其进行编译,编译成功将生成"MyFirstApp.class"的字节码文件,且与源文件在同一目录下。操作步骤如下:

(1)选择 Windows 操作系统菜单"开始"→"运行",输入"cmd"命令打开命令控制台窗口;

(2)在命令控制台窗口中,切换至"MyFirstApp.java 源文件所在目录"(如"E:\MyPro");

(3)在命令控制台窗口中,输入编译命令"javac MyFirstApp.java"进行编译。

具体如图 1-19 所示。

图 1-19　编译"MyFirstApp.java"源程序

3.运行程序

Java 源程序编译顺利完成后就可以运行 Java 程序了。类似上述步骤,在命令控制台窗口中,Java 切换至"MyFirstApp.class"字节码文件所在目录,输入运行命令:java MyFirstApp。

注意,命令行 MyFirstApp 文件名不能带扩展名,运行结果如图 1-20 所示。

图 1-20　"MyFirstApp.java"运行结果

1.3.2　Java 小应用程序

Java 小应用程序(Java Applet)的编写、编译步骤类似 Java 应用程序,但与 Java 应用程序的主要区别在于其字节码文件不能被独立的 Java 解释器(java.exe)直接执行,而是将字节码文件嵌入 HTML 文件中,由支持 Java 语言的 WWW 浏览器或 JDK 配备的小应用程序查看器(appletviewer.exe)解释执行。Java 小应用程序不再需要 main()方法,可以直接利用 WWW 浏览器或提供的图形用户界面。Java 小应用程序的基本程序模式:

```
import java.awt.Graphics;                    //引入 java.awt 系统包中 Graphics 类
import.java.applet.Applet;                   //引入 java.applet 系统包中 Applet 类
class 用户自定义的类名 extends Applet        //声明类
{
  public void paint(Graphics g)              //调用 Applet 类的 paint()方法
    {
     方法体
    }
}
```

同时,Java 小应用程序需要的 HTML 文件基本模式:

```
<HTML>
  <applet code=类名.class width=宽度 height=高度>
  </applet>
</HTML>
```

以下以一个简单的例子来说明开发 Java 小应用程序的基本过程。

【例 1.2】编写简单的 Java 小应用程序,实现在 WWW 浏览器中输出字符串:This is my first Java Applet program.

1. 编写源程序

```
//filename：Example_0102.java
//My first Java Applet program
import java.awt.Graphics;                    //引入 java.awt 系统包中 Graphics 类
import.java.applet.Applet;                   //引入 java.applet 系统包中 Applet 类
public class Example_0102 extends Applet     //声明公有类：Example_01_02
{
  public void paint(Graphics g)              //调用 Applet 类的 paint()方法,参数是
                                             //  图形对象 g
    {
     g.drawString("This is my first Java Applet program.",20,20);
                                             //在第 20 行 20 列输出字符串
    }
}
```

程序解析：

(1)第 5 行表明编写的 Example_0102 是 Applet 类的子类,且必须有第 3 行引用 Applet 类。

(2)第 7 行 paint()方法是 Applet 类的一个成员方法,其参数是图形对象 Graphics g,且必须有第 4 行引用 Graphics 类。

(3)第 9 行调用图形对象 g 的 drawString()方法输出指定字符串。

同样,利用记事本之类的文本编辑器录入上述源程序,保存文件名"Example_0102.java" 到指定目录(如"E:\MyPro")下,如图 1-21 所示。

```
//filename:  Example_0102.java
//My first Java Applet program
import java.awt.Graphics;              //引入java.awt系统包中Graphics类
import java.applet.Applet;            //引入java.applet系统包中Applet类
public class Example_0102 extends Applet  //声明公共类: Example_0102
{
    public void paint(Graphics g)      //调用Applet类的paint()方法,参数是图形对象g
    {
        g.drawString("This is my first Java Applet program.",20,20);
            //在第20行20列输出字符串
    }
}
```

图 1-21　用记事本录入的"Example_0102.java"源程序

2.编译源程序

类似 Java 应用程序,在 Windows 操作系统的命令控制台窗口中,利用命令行调用 Java 编译器(javac.exe)对"Example_0102.java"源程序文件进行编译,生成"Example_0102.class"字节码文件。

3.编写 HTML 文件

利用记事本之类的文本编辑器录入如图 1-22 所示的 HTML 文件,文件命名"Example_0102.html",并保存在与"Example_0102.class"相同的目录(如"E:\MyPro")下,如果不在同一目录下应指明路径。

```
<HTML>
  <head>
    <title>My first Java Applet program</title>
  </head>

    <applet code=Example_0102.class  width=300  height=50>
    </applet>
    <body></body>
</HTML>
```

图 1-22　用记事本录入的"Example_0102.html"文件

4.运行程序

方式一:利用 WWW 浏览器打开"Example_0102.html"文件,运行结果如图 1-23 所示。

图 1-23 WWW 浏览器运行结果

方式二:在命令控制台窗口中,切换至"Example_0102.html"文件所在目录,输入运行命令"appletviewer Example_0102.html",运行结果如图 1-24 所示。

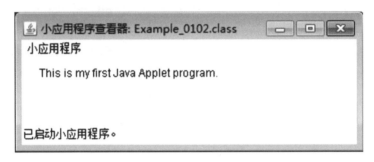

图 1-24 小应用程序查看器(appletviewer.exe)的运行结果

每次利用方式一来观看运行结果效率较低,而方式二提供了观察 Java 小应用程序的执行情形,既提高 Java 小应用程序的开发效率,又方便了调试。Java 小应用程序作为实现动态的、交互式网页功能的编程工具,在当今 Internet 上扮演着重要角色,使原本静态网页升级成一个充满活力的页面,Java 小应用程序和 HTML 文件共同为 Internet 虚拟世界增光添彩。

从上述两个例子可看出,Java 应用程序的实现需要经过编写源程序、编译和运行 3 个过程,而 Java 小应用程序的实现需要经过编写源程序、编译、编写 HTML 文件和运行内嵌 Java 小应用程序字节码的 HTML 文件 4 个过程。综合起来,在编写任何一个 Java 程序之前,先要明确要编写的是 Java 应用程序还是 Java 小应用程序,并根据程序的性质采取不同开发方法。

 本章小结

通过本章的学习,读者应了解 Java 语言的发展史、特点,学会搭建 Java 开发与运行环境,区分 Java 应用程序(Java Application)和 Java 小应用程序(Java Applet)的不同,熟练掌握Java 应用程序从编写源程序、编译生成字节码到运行的开发流程,为后续章节的学习与编程打基础。

习　题

1.1　Java 语言有哪些特点？

1.2　简述 Java 开发与运行环境的建立过程。

1.3　叙述 Java 虚拟机(JVM)的功能。

1.4　如何编写、编译、运行一个简单的 Java 应用程序？

1.5　模仿例 1.1,编写并上机运行,实现输出字符串"I can write a simple Java Application program."。

第 2 章

Java 编程基础

 本章要点

- Java 标识符、关键字与注释符。
- Java 基本数据类型、常量与变量。
- Java 运算符与表达式。
- Java 程序控制语句。
- Java 数组与字符串。

2.1 Java 标识符、关键字与注释符

2.1.1 Java 标识符

在 Java 语言中由程序员自行命名，用于标识变量、数组、类、对象、方法等名称的有效字符串，称为 Java 标识符。Java 标识符的命名规则如下：

(1)标识符由字母、下画线、数字或美元符 $ 组成，长度不限。

(2)标识符只能以字母、下划线或美元符 $ 开头。

(3)标识符区分大小写。

(4)标识符不能与 Java 关键字同名。

由于 Java 语言采用更为国际化的 Unicode 标准字符集，其中含有 65 535 个字符，因此 Java 标识符可以由 Unicode 字符集中的字母组成，包括汉字、日文片假名等。

如下列都是合法的标识符：

circle　　PutName　　_box　　$ Mk　　co768　　学生

而下列则是不合法的标识符：

123　　Blue&White　　—abc　　int　　2second　　教师

为使源程序易于阅读和理解，通常程序员或软件开发公司编程时对标识符采用以下几点惯例：

(1)标识符尽可能反映所表示变量、类或对象的意义，长度不宜过长。

(2)标识符若用英语单词，则方法名用动词，其他用名词。

(3)常量名全用大写字母，如：RED。

（4）类和界面名的首字母大写，使用多个单词时每个单词的首字母大写，如：MyFirstApp。

（5）变量名和方法名总是用小写字母，使用多个单词时后面每个单词的首字母大写，一般不用下画线或美元符 $,如：myName。

（6）对象名、私有或局部的变量名全部用小写字母，如：next_value。

此外，建议在标识符中不用或少用美元符 $,因为在链接 C 代码时需使用它链接库例程。

2.1.2　Java 关键字

Java 关键字是 Java 语言专门使用的一种特殊标识符，也称 Java 保留字。每个 Java 关键字均有其特殊的意义，并且不能重新定义。Java 语言的主要关键字见表 2-1。

表 2-1　Java 语言的主要关键字

abstract	boolean	break	byte	case	catch	char
class	const	continue	default	do	double	else
extends	false	final	finally	float	for	if
implements	import	instanceof	int	interface	long	native
new	null	package	private	protected	public	return
short	static	super	switch	synchronized	this	throw
throws	transient	true	try	void	volatile	while

需要说明的是：Java 关键字全部为小写英文字母，其中 true、false 和 null 是 Java 定义的常值。在此不对 Java 关键字进行逐一解析，在后续学习中读者将会逐渐了解它们的作用。

2.1.3　Java 注释符

为使源程序更具可读性、易于理解和易于维护，在源程序中应加入适量的注释，且源程序被编译时将忽略所有注释。Java 语言的注释符继承自 C、C++风格，注释形式有 3 种：

（1）// 注释内容：单行注释，常放在某语句行后面，也可单独成一行。

（2）/＊ 注释内容 ＊/：多行注释，也称块注释。中间可以有多行，也可单独成一行。

（3）/＊＊注释内容＊＊/：多行注释，也称文档注释，是 Java 语言特有的注释格式，可使用 Java 文档生成器（javadoc.exe）自动提取注释内容，生成程序文档。

2.2　Java 数据类型、常量与变量

2.2.1　Java 数据类型

程序都是由数据和对数据进行的操作构成的，数据是计算机处理的最基本对象，数据类型决定着数据的性质、占用内存空间及其存放方式，是程序设计语言中的一个重要因素。Java 语言提供了丰富的数据类型，使程序员在设计程序时可根据需要选择使用。Java 数据类型分

为基本数据类型和复合数据类型(也称引用数据类型),详见图 2-1 所示。本节先介绍 Java 基本数据类型,复合数据类型将在后续章节中具体讨论。

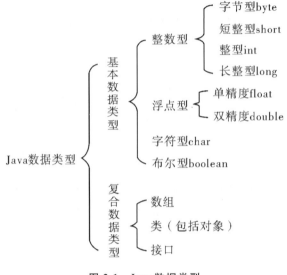

图 2-1　Java 数据类型

1. 整数型

整数即指不带小数点的数。Java 语言把整数型细分为字节型 byte、短整型 short、整型 int、长整型 long,且所有整数型数据都是有符号的。整型 int 和长整型 long 是最常用的,字节型 byte 经常用在字节码数据中,如网络传输数据或进行二进制数据的输入/输出,由于短整型 short 在使用时要求数据的存储须先高字节后低字节,在个别机器中可能会出错,故较少使用。整数型占用内存长度和取值范围如表 2-2 所示。

表 2-2　整数型占用内存长度和取值范围

类型	占用内存长度(bits)	取值范围
字节型 byte	8	$-128 \sim 127$
短整型 short	16	$-32\ 768 \sim 32\ 767$
整型 int	32	$-2\ 147\ 483\ 648 \sim 2\ 147\ 483\ 647$
长整型 long	64	$-9\ 223\ 372\ 036\ 854\ 775\ 808 \sim 9\ 223\ 372\ 036\ 854\ 775\ 807$

2. 浮点型

浮点数即指有小数精度要求的数,有时也称为实数。Java 语言提供了两种浮点类型:单精度 float 和双精度 double。浮点型占用内存长度和取值范围如表 2-3 所示。

表 2-3　浮点型占用内存长度和取值范围

类型	占用内存长度(bits)	取值范围
单精度型 float	32	$-3.4 \times 10^{38} \sim 3.4 \times 10^{38}$
双精度型 double	64	$-1.7 \times 10^{308} \sim 1.7 \times 10^{308}$

3.字符型 char

字符型数据表示 Unicode 编码中的单个字符。Unicode 是一种国际标准编码方案,每个 Unicode 字符占用 16 位二进制位(bits),取值范围为 0～65 535。人们熟知的标准字符集 ASCII 编码被视为 Unicode 编码的子集,其在 Unicode 编码中的范围为 0～127。如前所述, Java 语言采用 16 bits 的 Unicode 编码,主要是为了提高对多语种(如拉丁文、希腊语、阿拉伯语、汉语、日文片假名等)的处理能力,为 Java 程序在不同平台间实现平滑移植奠定坚实的基础。字符型 char 占用内存长度和取值范围如表 2-4 所示。

表 2-4　字符型与布尔型分别占用内存长度和取值范围

类型	占用内存长度(bits)	取值范围
字符型 char	16	0～65 535
布尔型 boolean	8	只有两个值:true 与 false

4.布尔型 boolean

布尔型是表示逻辑值的基本类型,是一种特殊的类型,其只有两个值 true 和 false。布尔型 boolean 占用内存长度和取值范围如表 2-4 所示。

上述基本数据类型是 Java 语言所独有的,虽然其他高级语言也有数据类型,但依赖于所使用计算机能支持的类型,而 Java 不依赖于计算机对其数据类型的支持,各种数据类型占用内存长度是固定的,与具体的软硬件平台无关。另外 Java 语言还为各种数据类型预定义了一个默认值,保证在任何情况下对变量的取值都是正确的。这也是 Java 语言跨平台性和可移植性的特色表现。

2.2.2　常量与变量

1.常量

常量是指在程序运行过程中其值保持不变的量,常量具有固定的值。与 Java 基本数据类型相对应,常量包括整型常量、浮点型常量、字符型常量、布尔型常量,以及字符串常量和用户自定义常量。如:整型常量 12、−35,浮点型常量−3.78、2.6e10,字符型常量'A'、'm'等。

(1)整型常量

整型常量有以下 3 种表示形式。

①十进制形式是不以数字 0 开头,并由 0～9 数字序列构成的有符号数,如:12、−35 等。

②八进制形式是以数字 0 开头,并由 0～7 数字序列构成的有符号数,如:023(即十进制数 19)、−031(即十进制数−25)等。

③十六进制形式是以 0x 或 0X 开头,并由 0～9 数字以及字母 A～F 或字母 a～f 序列构成的有符号数,如:0x3F(即十进制数 63)、−0x52(即十进制数−82)等。

表示具体整型常量时,字节型 byte、短整型 short 和整型 int 的表示方式相同,都是直接表示数值,而长整型 long 常量在数值后加上类型后缀符 L(或 l),如:89L 表示长整型数 89。

(2)浮点型常量

浮点型常量有以下 2 种表示形式。

①十进制小数形式由数字 0～9、小数点组成的有符号数,也可在常量后面加上类型后缀符 F 或 f,如:−53.62、5.18、36.77F 等。

②指数形式由数字 0～9、小数点、字母 E 或 e 和＋、−号组成的有符号数,书写格式:$\pm a\mathrm{E}\pm n$,意为数学中科学记数法 $a\times 10^n$,如:1.23E7(即 1.23×10^7)、−3.627E−13(即 -3.627×10^{-13})等。需要说明的是,书写格式中的 a 或 n 都不能缺省,且 n 只能是整数,如:E3、5E、−3E2.5 等都是不合法的指数形式。

浮点型常量默认是双精度 double,也可在常量后面加上类型后缀符 D 或 d,如:23.72D、−5.18221D 等。单精度 float 则在常量后面加上类型后缀符 F 或 f,如:−53.62F、5.18F、36.77F等。

(3)字符型常量

字符型常量是用单撇号括起来的 Unicode 字符集中的一个字符,其中单撇号是字符型常量的定界符。如:′Q′、′b′、′中′等,而"M"、′ab′则是不合法的字符型常量。

Unicode 编码通常采用十六进制编码表示,范围从′\u0000′～′\uffff′,因此字符型常量可用于运算,如:′A′+1 的结果为 66,字符′A′对应的 Unicode 码值为′\u0041′(即十进制 65)。转义字符′\u′是 Unicode 编码的前缀,此外,Java 语言还提供了其他转义字符,具体详见表 2-5 所示。

表 2-5　常用转义字符及其含义

转义字符	含义	转义字符	含义
\n	回车换行(将光标移到下一行行首)	\′	单引号符
\r	回车(将光标移到本行行首)	\"	双引号符
\b	退格(将光标移到前一列)	\\	反斜线符"\"
\f	走纸换页	\ddd	1～3 位八进制数代表的字符
\t	横向跳到下一制表位置	\udddd	1～4 位十六进数代表的字符

(4)布尔型常量

布尔型常量只有两个值,分别是 true 和 false,各自代表逻辑真和逻辑假。与 C、C++语言完全不同的是,Java 语言的布尔型数据是独立的数据类型,即不能将整数值赋予布尔变量,也不能将布尔型的数转换成整型或其他类型,布尔型与整型之间无转换运算。

(5)字符串常量

字符串常量由一对双引号括起来的 0 个或多个字符序列组成,如:"Java Program"、"编号023"、""等。Java 语言中可以使用"＋"将两个或更多的字符串常量连接成一个更长的字符串,如:"This is a "＋"Java program"的结果为"This is a Java program"。

(6)自定义常量(符号常量)

程序中经常会用到一些常数,它们代表特殊含义,例如圆周率、汇率、存款利率等,如果这些常数在程序中都以数字形式出现,可能无法确切明白其含义而降低程序的可读性。Java 语言提供了利用一个标识符来代表一个常数的方法,即自定义常量(也称符号常量),不仅可以更确切表明其含义,也使程序修改更加方便。

符号常量通过关键字 final 来实现,常量名都用大写字母表示,语法格式如下:

final　　数据类型名　　常量名＝常量值{,常量名＝常量值,…};

其中用"{ }"括起来的内容可重复 0 次或多次。

如:final double R＝3.5, PI＝3.1415926;

　　　final int N＝5;

符号常量的定义通常书写在程序最前面,且只允许定义时给出数值,在其后程序中不能再改变其值,否则将会产生编译错误。一旦定义了符号常量,当编译器对源程序进行预处理时,在程序中所有使用这些符号常量的地方都会被该常量值所取代。

2. 变量

与常量相反,变量是指在程序运行过程中其值是可以改变的量。变量具有变量名、数据类型、变量值等基本属性。编译器在编译连接时将会给变量分配一块内存空间,变量的值就存储在该内存空间中,访问变量的值,实际上是通过变量名找到相应内存地址,然后对其中存储的数据进行访问。变量的数据类型决定了变量的取值类型、取值范围、所占内存空间的大小以及所能参与的运算方式等。变量值是指当前存放在该内存空间中的值,因此,同一变量名对应的变量在不同时刻可以有不同的值。

(1)变量定义

Java 语言规定在使用变量之前必须先对变量作类型声明,即变量定义。使用变量要遵守"先定义后使用",可理解为两个任务:一是确定该变量名,以便系统为该变量指定存储地址和识别,这便是"按名访问"原则,变量名的命名遵循标识符的命名规则;二是为该变量指定数据类型,以便系统为该变量分配足够的存储单元。定义变量可在使用位置之前的任何地方进行。定义变量的语法格式如下:

数据类型名　　变量名表;

格式中的变量名表可以是一个或多个变量名,每个变量名之间用逗号","隔开,如:

int i,j,k;

(2)变量赋值

Java 语言规定变量定义后,在使用之前必须先对其赋初值,否则编译器在编译时会提示错误。变量若没有赋初值或需要重新赋值,就需要由赋值运算符"＝"来完成。变量赋值的语句格式为:

变量名＝初值或表达式;

【例 2.1】变量定义与赋值的示例。

```
//filename:Example_0201.java
//变量定义与赋值的示例
public class Example_0201
{
  public static void main(String args[])
  {
    byte b;                              //定义 byte 型变量 b
```

```
int a;
long c;
float x;
double y;                                    //定义 double 型变量 y
char ch;                                     //定义 char 型变量 ch
boolean yn;                                  //定义 boolean 型变量 yn
b=023;                                       //将八进制数 023 赋予 byte 型变量 b
a=625;
c=32988L;
x=-77.36F;                                   //将 float 型常量-77.36 赋予变量 x
y=5.1526E+12;
ch='M';                                      //将字符'M'赋予变量 ch
yn=false;                                    //将 boolean 型常量 false 赋予变量 yn
//以下实现输出各变量名及对应值
System.out.println("b="+b);                  //以十进制形式输出
System.out.println("a="+a);
System.out.println("c="+c);
System.out.println("x="+x);
System.out.println("y="+y);
System.out.println("ch="+ch);
System.out.println("yn="+yn);
    }
}
```

程序运行结果如图 2-2 所示。

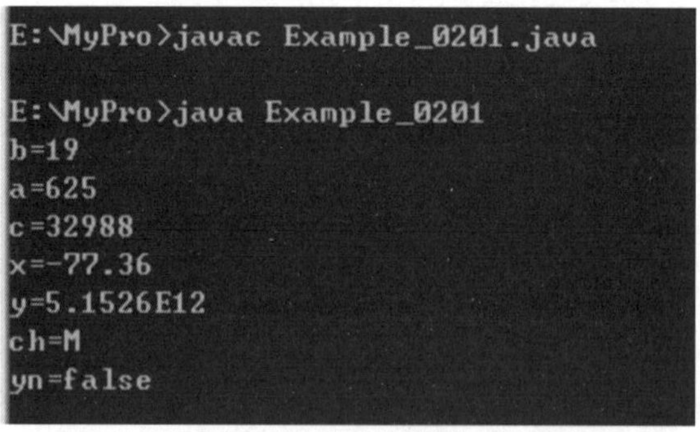

图 2-2　例 2.1 运行结果

（3）变量初始化

变量初始化是指在定义变量的同时也可直接赋初值，即在编译器给变量分配内存空间的同时将初值赋予该变量。变量初始化的语句格式为：

　　数据类型　变量名＝初值〔,变量名＝初值,…〕;

【例 2.2】变量初始化的示例

//filename：Example_0202.java

//变量初始化的示例

```java
public class Example_0202
{
  public static void main(String args[])
  {
    //以下对部分变量进行初始化
    int a＝56,b;
    float x＝－72.29F,y;
    double m＝0.125E－23,n;
    char ch1＝'H',ch2;
    boolean yn1＝true,yn2;
    b＝－56;
    y＝66.37F;
    n＝1.11E13;
    ch2＝'j';
    yn2＝false;
    //以下实现输出各变量及对应值,并利用转义字符\t的作用
    System.out.println("a＝"＋a＋"\t"＋"b＝"＋b);
    System.out.println("x＝"＋x＋"\t"＋"y＝"＋y);
    System.out.println("m＝"＋m＋"\t"＋"n＝"＋n);
    System.out.println("ch1＝"＋ch1＋"\t"＋"ch2＝"＋ch2);
    System.out.println("yn1＝"＋yn1＋"\t"＋"yn2＝"＋yn2);
  }
}
```

程序运行结果如图 2-3 所示。

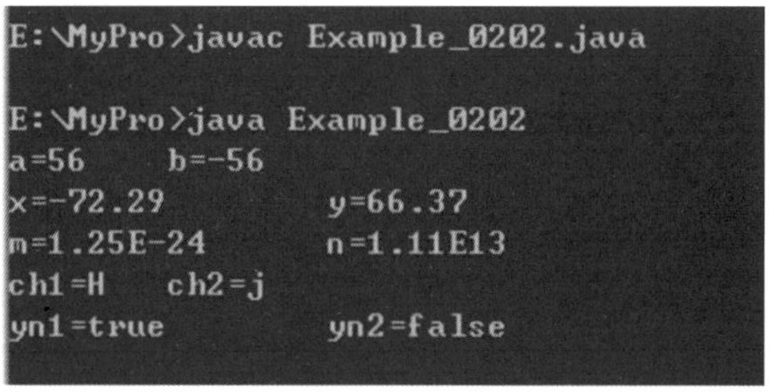

```
E:\MyPro>javac Example_0202.java

E:\MyPro>java Example_0202
a=56        b=-56
x=-72.29        y=66.37
m=1.25E-24      n=1.11E13
ch1=H    ch2=j
yn1=true        yn2=false
```

图 2-3　例 2.2 运行结果

需要说明的是:变量初始化时若给两个或两个以上的变量赋予同一个值,不能类似如下书写形式:

int myValue1＝myValue2＝15;

否则编译时上行语句将提示错误。应当分别赋初值,可改写成如下形式:

int myValue1＝15,myValue2＝15;

当然也可以在变量定义之后,再利用赋值语句进行赋值。

2.3 运算符与表达式

程序的运行目的是实现对数据进行运算和处理,并将结果以用户要求的形式输出。运算符(也称操作符)是对数据进行运算或处理的符号。由运算符将操作数(常量、变量等)按一定语法规则连接起来的式子称为表达式。

Java 语言与 C、C＋＋相似,也提供了功能丰富的各类运算符。按运算符功能分为:算术运算符、关系运算符、逻辑运算符、赋值运算符、复合赋值运算符、条件运算符、位运算符、其他运算符等。按操作数个数分为:一次只对一个操作数进行操作的运算符称为一元(单目)运算符,一次需要对两个操作数进行操作的运算符称为二元(双目)运算符,一次需要对三个操作数进行操作的运算符称为三元(三目)运算符。每个表达式经过运算后都会得到一个确定值,该值取决于表达式中各运算符的优先级和结合性。以下逐一进行介绍。

2.3.1 算术运算符与算术表达式

算术运算符用于对数值型数据进行算术运算,由算术运算符连接而成的表达式称为算术表达式,算术表达式的结果为一具体数值。算术运算符按操作数个数又细分为双目算术运算符和单目算术运算符。

1. 双目算术运算符

双目算术运算符是数学上最常用的一类运算符,也称基本算术运算符,共有 5 个:＋、－、＊、/、％。具体如表 2-6 所示。

表 2-6　基本算术运算符

运算符	功能	示例	示例表达式的值
＋	求两数之和	6＋7.5	13.5
－	求两数之差	6－7.5	－1.5
＊	求两数乘积	1.2＊3	3.6
/	求两数之商	5.0/2	2.5
％	求两整数相除的余数	10％4	2

需要说明的是:模运算符"％"与 C、C＋＋语言不同,其操作数可以是浮点数。如:11.5％3＝2.5、11％2.5＝1、－10％3＝－1、10％－3＝1。

2.单目算术运算符

单目算术运算符共有 3 个：－、＋＋、－－ 。具体如表 2-7 所示。

表 2-7　单目算术运算符

运算符	功能	示例	示例表达式的值
－	取负值	－x	－23(当 x＝23)
＋＋	使变量值自增 1	x＋＋	24(当 x＝23)
－－	使变量值自减 1	x－－	22(当 x＝23)

需要说明的是：自增"＋＋"(或自减"－－")运算符的操作数必须是变量。"＋＋"或"－－"既可放在操作数之后(后缀)，也可放在操作数之前(前缀)，在单个表达式中作用相同。但在参与其他运算时则有差异：前缀运算先使操作数自增 1(或减 1)，然后再使用操作数参与其他运算；后缀运算先使用操作数参与其他运算，然后再使操作数自增 1(或减 1)。例如：

(1) int i＝3;
　　 i＋＋;　　　　　　　　　 //执行后 i 的值为 4
(2) int i＝3,x;
　　 x＝5＋(i＋＋);　　　　　 //执行后 x 的值为 8,i 的值为 4
(3) int i＝3,x;
　　 x＝5＋(＋＋i);　　　　　 //执行后 x 的值为 9,i 的值为 4

2.3.2　关系运算符与关系表达式

关系运算符用于比较两个数值型操作数之间的关系，由关系运算符连接而成的表达式称为关系表达式，关系表达式的结果为布尔型，关系成立结果为 true，否则为 false。关系运算符共有 6 个：＞、＜、＞＝、＜＝、＝＝、! ＝ 。具体如表 2-8 所示。

表 2-8　关系运算符

运算符	功能	示例	示例表达式的值
＞	判断是否大于	6＞3	true
＜	判断是否大于	6＜3	false
＞＝	判断是否大于等于	6＞＝(3＋5)	false
＜＝	判断是否小于等于	6＜＝(4＋2)	true
＝＝	判断两数是否相等	7＝＝9	false
! ＝	判断两数是否不等	12! ＝21	true

需要说明的是：关系运算符"＝＝"用于判断两个数据是否相等，其作用与赋值运算符"＝"不一样。

2.3.3　逻辑运算符与逻辑表达式

逻辑运算符用于完成条件逻辑的判断，逻辑运算符连接而成的表达式称为逻辑表达式，逻

辑表达式的结果为布尔型(true 或 false)。逻辑运算符共有 3 个：&&(逻辑与)、||(逻辑或)、!(逻辑非)，其中"&&"和"||"为双目运算符，"!"为单目运算符。"&&"运算符用于判断其左右两侧操作数值是否都为 true，"||"运算符用于判断其左右两侧操作数值是否有一个为 true，"!"运算符使操作数逻辑值置反。具体如表 2-9 所示。

表 2-9　逻辑运算真值表

op1	op2	op1 && op2	op1 !! op2	! op1
true	true	true	true	false
true	false	false	true	false
false	true	false	true	true
false	false	false	false	true

注：表中 op1 和 op2 分别表示操作数 1 和操作数 2。

需要说明的是：逻辑运算符要求操作数是布尔型 boolean。Java 语言在处理逻辑表达式时，也采用"不完全计算"方法，即对于逻辑与运算，若"&&"左侧操作数值为 false，则整个逻辑表达式结果为 false，即使右侧出现表达式也不再进行运算；同样对于逻辑或运算，若"||"左侧操作数值为 true，则整个逻辑表达式结果为 true，即使右侧出现表达式也不再进行运算。例如：

```
int i=3;
boolean bool1;
bool1=(false && (++i)==3);          // 不执行++i,i 的值仍为 3
```

2.3.4　赋值运算符与赋值表达式

赋值运算符"="用于将数据赋予一个变量，赋值运算符连接而成的表达式称为赋值表达式。赋值表达式的语法格式为：

变量名=表达式

赋值表达式先运算"="运算符右侧表达式，再将运算结果赋予左侧变量，实际上是将运算结果存入左侧变量名所指的内存空间中。赋值表达式的结果就是赋予"="左侧变量的具体值。需要说明的是：

(1)赋值运算符"="左侧必须是一个明解的、已定义的变量名。如 6=2+3、a+b=12 等都是不合法的赋值表达式。

(2)赋值运算符"="右侧可以是常量、变量、函数调用等合法的 Java 语言表达式。

(3)赋值运算符"="具有右结合性，其右侧也可以是一个赋值表达式，例如：

int a,b,c;

a=b=c=15;

语句 a=b=c=15;等价于 a=(b=(c=15))，其中 c=15 赋值表达式结果为 15，接着实现 b=15 的赋值，再实现 a=15 的赋值。

2.3.5　复合赋值运算符与复合赋值表达式

复合赋值运算符可看作赋值运算符的特例,是在赋值运算符"＝"前加上另一个运算符组成。复合赋值运算符连接而成的表达式称为复合赋值表达式,其运算规则是先将复合赋值运算符右侧表达式结果与左侧的变量值作运算,再将运算结果赋予左侧的变量。复合赋值表达式的语法格式与基本赋值表达式相类似,以下分别举例说明复合赋值运算符的含义:

x＋＝3	等价于	x＝x＋3
a＊＝m＋10	等价于	a＝a＊(m＋10)
a＋＝a－＝n＋2	等价于	a＝a＋(a＝a－(n＋2))

2.3.6　条件运算符与条件表达式

条件运算符"?:"是三目运算符,条件运算符连接而成的表达式称为条件表达式。条件表达式的语法形式为:

操作数 1? 操作数 2:操作数 3

条件表达式的运算规则是:先判断操作数 1 的值,若逻辑值为 true,则将操作数 2 的值作为条件表达式的结果;若操作数 1 的逻辑值为 false,则将操作数 3 的值作为条件表达式的结果。例如:

(1) int a＝6,b;
　　b＝((a＞3)? 1:2);　　　　　//执行后 b 的值为 1
(2) int a＝6,b;
　　b＝((a＞8)? 1:2);　　　　　//执行后 b 的值为 2

2.3.7　位运算符与位运算表达式

位运算符是对操作数(只能是整数)以二进制位为单位进行的运算或操作,位运算符连接而成的表达式称为位运算表达式。Java 语言的位运算符分为移位运算符和逻辑位运算符两类,具体介绍如下。

1. 左移运算符

左移运算符"＜＜"是双目运算符,对应表达式的语法格式为:

操作数＜＜移位次数

左移运算符的运算规则是将其左侧操作数的各二进位全部左移,移动位数由其右侧的数指定,移出的高位丢弃,低位补 0,且符号位不变。用左移运算符进行运算时,一个数每左移 1位,相当于该数乘以 2。例如:

$a＝(6)_{10}＝(00000110)_{2}$
$a＜＜2＝(00011000)_{2}＝(24)_{10}$。

2. 右移运算符

右移运算符"＞＞"是双目运算符,对应表达式的语法格式为:

操作数＞＞移位次数

右移运算符的运算规则是将其左侧操作数的各二进位全部右移,移动位数由其右侧的数指定,移出的低位丢弃,最高位移入原来高位的值。用右移运算符进行运算时,一个数每右移 1 位,相当于这个数除以 2,结果非整数时取不大于该数的整数。例如:

$a=(15)_{10}=(00001111)_2$

$a>>2=(00000011)_2=(3)_{10}$

$a=(-15)_{10}=(10001111)_{原码}$

$a>>2=(10000100)_{原码}=(-4)_{10}$

3. 无符号右移运算符

无符号右移运算符"＞＞＞",对于无符号数或正数,其运算结果与右移运算符相同;但对于负数就不同,右移后高位补 0,负数就变成正数了。

需要说明的是:Java 语言对二进制数按补码运算,且位运算的结果都是占用 32Bits 的内存空间。

【例 2.3】移位运算示例。

```
//filename：Example_0203.java
//验证移位运算符 ">>", "<<"和">>>"
public class Example_0203
{
  public static void main(String arg[])
  {
    byte a=15,b=-15;
    System.out.println(a+"<<2="+(a<<2));
    System.out.println(a+">>2="+(a>>2));
    System.out.println(a+">>>2="+(a>>>2));
    System.out.println(b+"<<2="+(b<<2));
    System.out.println(b+">>2="+(b>>2));
    System.out.println(b+">>>1="+(b>>>1));
  }
}
```

程序运行结果如图 2-4 所示。

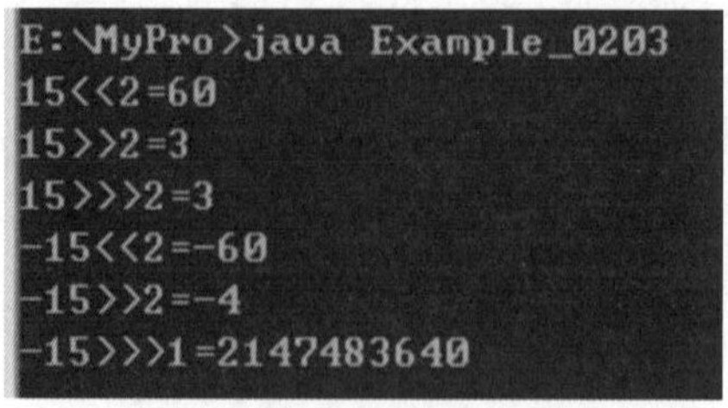

图 2-4　例 2.3 运行结果

4. 按位与运算符

按位与运算符"&",用于将参与运算的两操作数各对应的二进位进行相与。按位与运算符的运算规则是只有对应的两个二进位均为 1 时结果位才是 1,否则为 0。例如,12&5 可用如下算式求得:

$$
\begin{array}{r}
00001100 \qquad (12)_{10} \\
\&\quad 00000101 \qquad (5)_{10} \\
\hline
00000100 \qquad (4)_{10}
\end{array}
$$

按位与运算符"&"可实现对操作数的某些位清 0 或保留某些位。例如:

$(11001101)_2 \& (00001111)_2 = (00001101)_2$

5. 按位或运算符

按位或运算符"|",用于将参与运算的两操作数各对应的二进位进行相或。按位或运算符的运算规则是只要对应的两个二进位中,有一位为 1 时结果位就是 1,否则为 0。例如,12|5 可用如下算式求得:

$$
\begin{array}{r}
00001100 \qquad (12)_{10} \\
|\quad 00000101 \qquad (5)_{10} \\
\hline
00001101 \qquad (13)_{10}
\end{array}
$$

按位或算符"|"可实现对操作数的某些位定值为 1。例如:

$(11001101)_2 | (00001111)_2 = (11001111)_2$

6. 按位异或运算符

按位异或运算符"^",用于将参与运算的两操作数各对应的二进位进行相异或。按位异或运算符的运算规则是对应的两个二进位不相等时结果位就是 1,否则为 0。例如,12^5 可用如下算式求得:

$$
\begin{array}{r}
00001100 \qquad (12)_{10} \\
^\wedge\quad 00000101 \qquad (5)_{10} \\
\hline
00001001 \qquad (9)_{10}
\end{array}
$$

7. 按位取反运算符

按位取反运算符"～"是单目运算符,用于将操作数各二进位按位求反。按位取反运算符的运算规则是对二进位置 0 为 1,或置 1 为 0。例如,3～=－4。(读者自行验证 3 的 32Bits 二进制数求反,即可得－4 的补码)

2.3.8　其他运算符

Java 语言提供的其他运算符如表 2-10 所示,相关知识将在后续章节中讨论。

表 2-10　Java 语言的其他运算符

运算符	功能简介
＋	字符串合并运算符
（）	在表达式用于改变运算的优先级
（参数表）	方法的参数传递
（数据类型名）	强制类型转换运算符
〔 〕	下标运算符,用于引用数组元素
.	分量运算符,用于引用对象属性或方法
new	对象实例化运算符,用于实例化一个对象
instanceof	对象测试运算符,用于测试一个对象是否是某一类的实例,或该对象对应的类是否是某一类的子类

2.3.9　运算符的优先级与结合性

运算符的优先级与结合性决定了表达式中数据运算的先后顺序,具体表现为两方面:(1)表达式中优先级不同的运算符,优先级高的先运算,优先级低的后运算,例如:a＝b＋3;相当于 a＝(b＋3);。(2)表达式中同一优先级的运算符,以结合性决定运算的先后次序。结合性分左结合性和右结合性,左结合性很好理解,从表达式左至右进行运算,例如:a＋b－c;相当于(a＋b)－c;,右结合性从表达式右向左进行运算,例如:a＝b＝25;相当于 a＝(b＝25);。Java 语言运算符的优先级与结合性详见表 2-11,个别运算符将在后续章节中讨论或参阅其他书籍。

表 2-11　Java 语言运算符的优先级与结合性

运算符	优先级	结合性	运算符说明
()、[]、.	1	左结合性	括号、下标、分量
!、~、++、－－	2	右结合性	逻辑非、按位求反、自增、自减
*、/、%	3	左结合性	算术乘除、取模
＋、－	4	左结合性	算术加减
<<、>>、>>>	5	左结合性	移位
>、<、>=、<=、instanceof	6	左结合性	大小关系、对象测试
==、!=	7	左结合性	相等关系
&	8	左结合性	按位与
^	9	左结合性	按位异或
|	10	左结合性	按位或
&&	11	左结合性	逻辑与
||	12	左结合性	逻辑或
?:	13	右结合性	条件
＝、类似 *＝等赋值	14	右结合性	赋值、复合赋值

需要说明的是:在编写源程序时,应尽量使用"()"运算符来实现所需运算次序。例如,将 a＞5 &&！b 书写成 (a＞5)&&(！b),这样更易于程序的阅读。

2.3.10　数据类型的转换

Java 语言是一种强类型语言,编译时都要进行类型检查,对于类型不符合的,或做类型转换或产生错误信息。Java 语言允许在运算过程中进行数据类型转换,主要分为自动类型转换和强制类型转换两类。

1. 自动类型转换(隐式类型转换)

在算术表达式中,算术运算返回的数据类型由参与运算的操作数数据类型决定,例如两个整型数相加结果仍是整型;如果参与运算的操作数数据类型不一致,运算时自动将数据类型从低级向高级进行转换,转换顺序如下:

byte → short → char → int → long → float → double

在赋值表达式中,当赋值运算符"＝"左右两侧的数据类型不一致,但都是数值型时,赋值时将进行自动类型转换,具体转换规则如下:

(1)将赋值运算符"＝"右侧的数据类型转换成左侧变量的类型,即"向左看齐"。

(2)将浮点型数据赋值给整型变量时,舍弃浮点数的小数部分。

(3)将整型数据赋值给浮点型变量时,数值不变,但以浮点形式赋予变量。

2. 强制类型转换(显式类型转换)

Java 语言也提供强制类型转换运算符,将一个表达式或变量的值强制转换成指定的数据类型,其语法形式为:

(数据类型名)表达式

例如:

① int x＝12;

(double)x;　　　　　　　　　//将 x 的值转换成 double 型

② float a＝23.52F;

(int)(a＋0.6);　　　　　　　//将 a＋0.6 的运算结果转换成 int 型

需要再强调 int 型与 char 型的转换问题:Java 语言中,char 型实质上是 int 型的一个子集,在算术运算中可将 char 型自动转换成对应的 Unicode 码值与 int 型相运算,也可将 int 型常量赋值给 char 型变量,例如下列两条语句的作用是相同的:

char ch1＝′A′;

char ch1＝65;

但要将一个 int 型变量的值赋予一个 char 型变量,则会产生数据类型不匹配错误,例如:

int a＝65;

char ch1;

ch1＝a;　　　　//错误,应修订为　ch1＝(char)a;

【例 2.4】char 型与 int 型之间的转换示例。

//filename：Example_0204.java

```
//char 型与 int 型之间的转换示例
public class Example_0204
{
 public static void main(String args[])
 {
  char ch1,ch2;
  int x,y;
  ch1='A'; ch2='B';
  x=ch1+32; y=ch2+32;                //char 型与 int 型的混合运算
  System.out.println("x="+x);
  System.out.println("y="+y);
  ch1=(char)x; ch2=(char)y;          //强制类型转换
  System.out.println("混合运算后 ch1 和 ch2 两变量的值：");
  System.out.println("ch1="+ch1);
  System.out.println("ch2="+ch2);
 }
}
```

程序运行结果如图 2-5 所示。

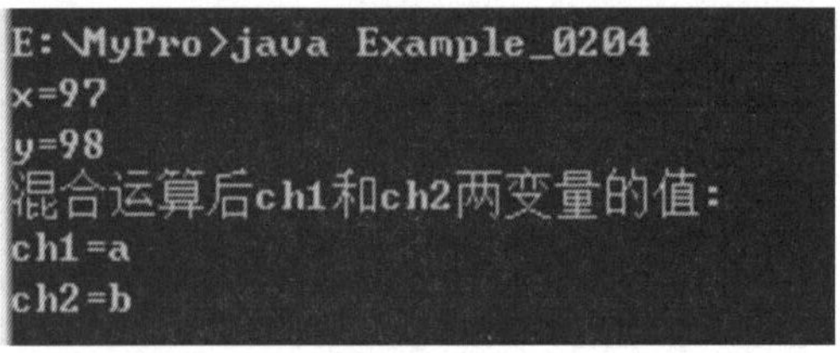

```
E:\MyPro>java Example_0204
x=97
y=98
混合运算后ch1和ch2两变量的值：
ch1=a
ch2=b
```

图 2-5　例 2.4 运行结果

【例 2.5】已知某一时刻气温为 107.5 华氏，利用下列公式计算对应的摄氏度。

$$c=\frac{5}{9}(f-32)$$

```
//filename：Example_0205.java
//计算华氏度对应的摄氏度
public class Example_0205
{
 public static void main(String args[])
 {
  float f=107.5F,c;
  c=(float)5/9*(f-32);               //利用强制类型转换（float)5 与 9 相除
  System.out.println("华氏度 f="+f);
  System.out.println("对应摄氏度 c="+c);
```

```
  }
}
```

说明：利用强制类型转(float)5 与 9 相除，若写成 5/9 将影响运行结果，读者可自行验证。程序运行结果如图 2-6 所示。

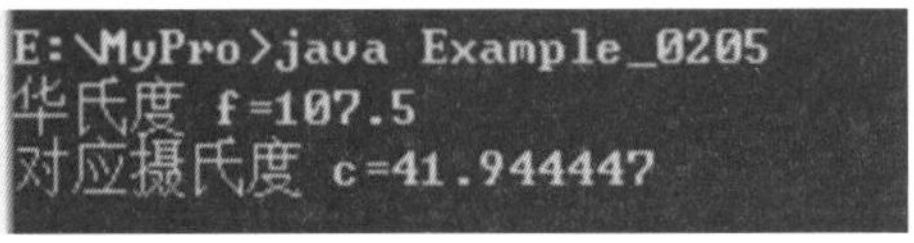

图 2-6　例 2.5 运行结果

【例 2.6】 计算圆的周长、面积及相应球体的体积。

```
//filename：Example_0206.java
//计算圆的周长，面积以及球体的体积
public class Example_0206
{
 public static void main(String args[])
 {
    final double PI＝3.14;                    //定义符号常量
    float radius＝2.79F;                      //定义半径变量 radius 并赋值
    double circlePerimeter,circleArea,globeVolume;
    //定义圆周长变量 circlePerimeter，圆面积变量 circleArea，球体体积变量 globeVolume
    circlePerimeter＝2 * PI * radius;
    circleArea＝PI * radius * radius;
    globeVolume＝4.0/3 * PI * radius * radius * radius;        //自动类型转换 4.0/3
    System. out. println("半径 radius＝"＋radius);
    System. out. println("运算结果:");
    System. out. println("圆周长 circlePerimeter＝"＋circlePerimeter);
    System. out. println("圆面积 circleArea＝"＋circleArea);
    System. out. println("球体体积 globeVolume＝"＋globeVolume);
  }
}
```

说明：4.0/3 是利用了自动类型转换，若写成 4/3 将影响运行结果，读者可自行验证。程序运行结果如图 2-7 所示。

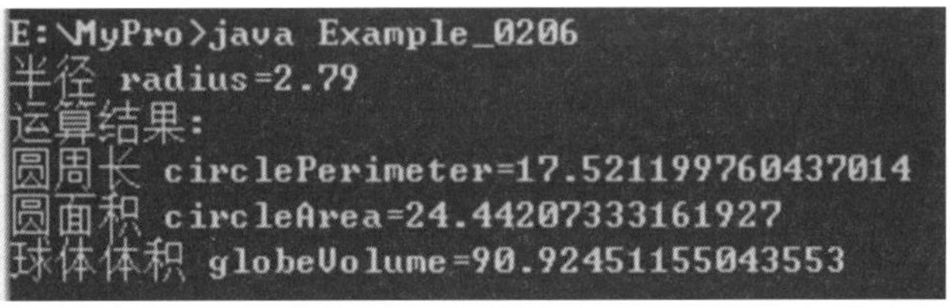

图 2-7　例 2.6 运行结果

2.4 程序控制语句

和其他高级语言一样,Java 语言源程序也是由语句集合而成的。Java 语言的语句可分为以下几类:

(1)声明语句:如上节介绍的变量定义语句。

(2)表达式语句:在表达式后加上语句结束符";"构成的语句,典型的是赋值语句,如: y＝x＋10;。

(3)空语句:仅由一条分号构成的语句,如: ; 。

(4)复合语句:用一对花括号"{ }"将一些语句括起来即构成复合语句,复合语句在语法上是一条语句。

(5)控制语句:用于控制程序流程及执行的先后顺序。

(6)包语句和引入语句:具体将在后续章节详细介绍。

任何一门面向对象的程序设计语言都是以结构化程序设计为基础,面向对象语言中的基本模块都是用结构化程序设计的编程来实现的。顺序、选择和循环是结构化程序设计的三种基本流程结构,顺序结构是最简单的程序流程,程序依次执行各条语句,它不需要控制语句;选择和循环结构都是比较复杂的程序流程,需要专门的控制语句,本节着重介绍 Java 语言程序控制语句的基本语法与作用。

2.4.1 选择结构程序控制语句

选择结构又称分支结构,是指根据给定条件判断的结果,在两种或两种以上的多条执行路径中选择一条执行的流程结构。选择语句提供了一种控制机制,使程序根据相应条件去执行对应的语句或语句组。除上节介绍过的条件运算符"?:"是一种选择语句外,Java 语言还有两种选择结构控制语句:if 语句(又称条件选择语句)和 switch 语句(又称开关分支语句)。

1. if 语句

if 语句是最简单的选择结构控制语句,根据实际问题的解决需要,其分为以下三种常见形式。

(1)单分支 if 语句,语法格式为:

if(表达式)

　　紧跟语句;

后续语句;

执行过程:首先判断括号中表达式的值是否为 true,若是执行紧跟语句后,再执行后续语句;否则直接执行后续语句。其流程图如图 2-8 所示。

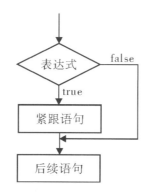

图 2-8　单分支 if 语句流程图

【例 2.7】输入任意一个非 0 的整数,输出其绝对值。

```
//filename：Example_0207.java
//输入任一非 0 的整数,输出其绝对值
import java.util.Scanner;                        //引用类
public class Example_0207
{
  public static void main(String args[])
  {
    int x;
    System.out.print("输入一个非 0 的整数：");
    Scanner scanner＝new Scanner(System.in);     //实例化对象 scanner
    x＝scanner.nextInt();                         //接收键盘输入的一个整型数据
    if(x＜0)
      x＝－x;
    System.out.println(x＋"的绝对值为："＋x);
  }
}
```

程序运行结果如图 2-9 所示。

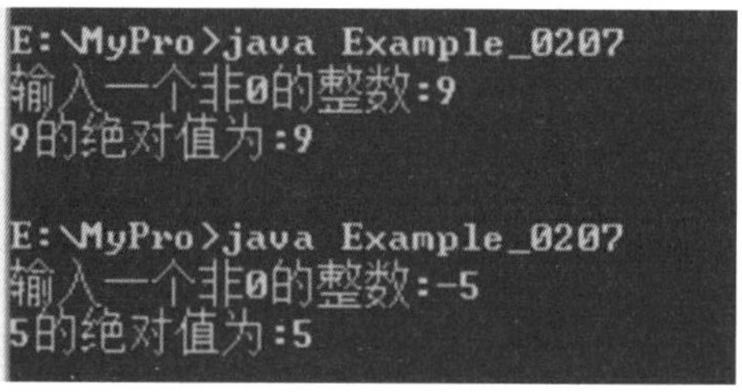

```
E:\MyPro>java Example_0207
输入一个非0的整数:9
9的绝对值为:9

E:\MyPro>java Example_0207
输入一个非0的整数:-5
5的绝对值为:5
```

图 2-9　例 2.7 运行结果

（2）双分支 if-else 语句，语法格式为：

if(表达式)

  紧跟语句 1；

else

  紧跟语句 2；

后续语句；

执行过程：首先判断括号中表达式的值是否为 true，若是执行紧跟语句 1 后，再执行后续语句；否则执行紧跟语句 2 后，再执行后续语句。其流程图如图 2-10 所示。

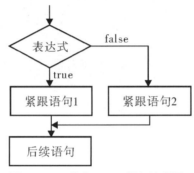

图 2-10 双分支 if-else 语句流程图

【例 2.8】根据输入的 x 值，按下列规则输出相应的 y 值。

$$y = \begin{cases} 1 & (x \geqslant 0) \\ -1 & (x < 0) \end{cases}$$

```
//filename：Example_0208.java
//输入 x,若 x 大于等于 0 输出 1,否则输出－1
import java.util.Scanner;                //引用类
public class Example_0208
{
  public static void main(String args[])
  {
    System.out.print("输入 x:");
    Scanner scanner＝new Scanner(System.in);
    int x＝scanner.nextInt();
    int y;
    if(x＞＝0)
      y＝1;
    else
      y＝-1;
    System.out.println("x＝"+x+"\t"+"y＝"+y);
  }
}
```

程序运行结果如图 2-11 所示。

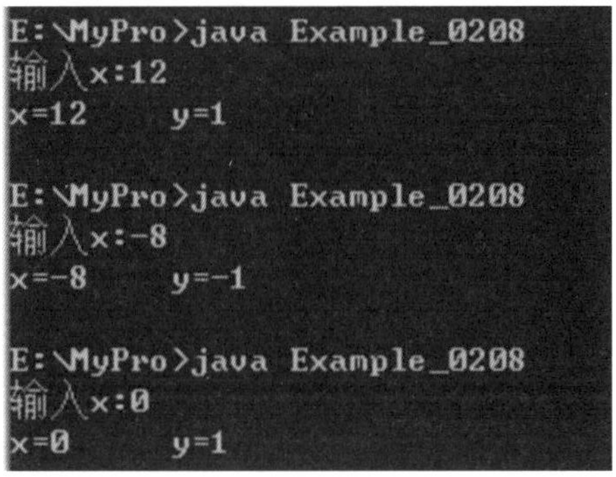

E:\MyPro>java Example_0208
输入x:12
x=12   y=1

E:\MyPro>java Example_0208
输入x:-8
x=-8   y=-1

E:\MyPro>java Example_0208
输入x:0
x=0   y=1

图 2-11　例 2.8 运行结果

(3)多分支 if-else if 语句，语法格式为：

```
if(表达式 1)
   紧跟语句 1；
else if(表达式 2)
   紧跟语句 2；
else if(表达式 3)
   紧跟语句 3；
…
else if(表达式 n)
   紧跟语句 n；
else
   紧跟语句 n+1；
后续语句；
```

执行过程：依次判断各分支括号中表达式的值，一旦某分支的表达式值为 true，则执行该分支的紧跟语句，然后再执行后续语句；若所有分支的表达式值均为 false，则执行 else 后的紧跟语句 n+1，再执行后续语句。其流程图如图 2-12 所示。

表达式1
false
true
紧跟语句1
表达式2
false
…
true
紧跟语句2
表达式n
false
true
紧跟语句n
紧跟语句n+1
后续语句

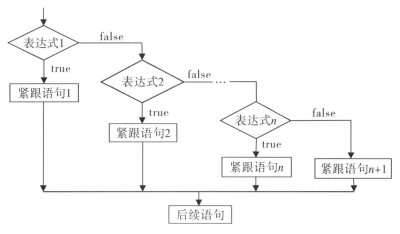

图 2-12　多分支 if-else if 语句流程图

【例 2.9】输入一字符,判别其是大小写英文字母、阿拉伯数字还是其他字符。

```
//filename：Example_0209.java
//判别输入的字符是大小写英文字母、阿拉伯数字还是其他字符
import java.io.*;
public class Example_0209
{
 public static void main(String args[]) throws IOException
 {
   char ch；
   System.out.print("输入一个字符：");
   ch=(char)System.in.read();        //将键盘输入的一个数据强制转换成字符并赋值
   if(ch>='A' && ch<='Z')
     System.out.println(ch+" 为大写英文字母.");
   else if(ch>='a' && ch<='z')
     System.out.println(ch+" 为小写英文字母.");
   else if(ch>='0' && ch<='9')
     System.out.println(ch+" 为阿拉伯数字.");
   else
     System.out.println(ch+" 为其他字符.");
 }
}
```

程序运行结果如图 2-13 所示。

图 2-13　例 2.9 运行结果

　　if 语句中还可以根据需要内嵌 if 语句,称为 if 语句的嵌套。建议养成一良好习惯,对于控制结构的一部分,无论是语句组、嵌套的 if 语句,都要用一对花括号"{}"封闭构成复合语句,即使是单条语句,这样不容易出错,也可以增强程序的可读性。具体参阅例 2.10。

【例 2.10】输入一元二次方程 $ax^2+bx+c=0$ 的三个系数 a、b、c，求方程的实数解。

```java
//filename：Example_0210.java
//求一元二次方程的实数解
import java.util.Scanner;
public class Example_0210
{
  public static void main(String args[])
  {
    float a,b,c;
    double d,x1,x2;
    Scanner scanner=new Scanner(System.in);
    System.out.print("a=? ");
    a=scanner.nextFloat();
    System.out.print("b=? ");
    b=scanner.nextFloat();
    System.out.print("c=? ");
    c=scanner.nextFloat();          //分别接受输入的三个 float 型数
    if(a! =0)
      {
        d=b*b-4*a*c;
        if(d>=0)
          {
          if(d==0)
            {
              x1=-b/(2*a);        //求相等实根
              System.out.println("有两相等实根,x1=x2="+x1);
            }
          else
            {
              x1=(-b+Math.sqrt(d))/(2*a);
              x2=(-b-Math.sqrt(d))/(2*a);        //求两不等实根
              System.out.println("有两不等实,x1="+x1+"\t"+"x2="+x2);
            }
          }
        else
          {
            System.out.println("无实数解!");
```

```
        }
      }
    else
      {
       System.out.println("a=0,非一元二次方程解!");
      }
   }
}
```

程序运行结果如图 2-14 所示。

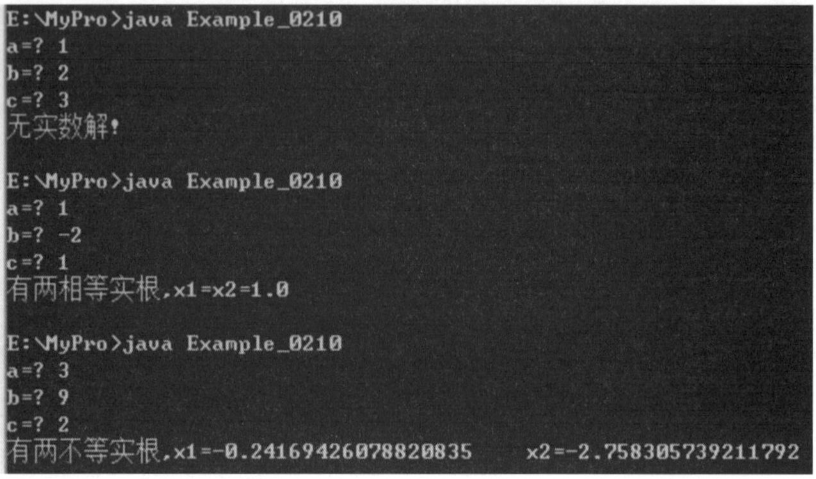

图 2-14   例 2.10 运行结果

2. switch 语句

if 语句的嵌套形式或多分支 if-else if 语句,虽然能够实现多分支选择结构的程序流程控制要求,但嵌套层数太多时结构欠灵活且程序可读性较差,容易出现错误或混乱。switch 语句是 Java 语言提供的另一种多分支选择控制语句,是根据一个表达式的不同取值来实现多分支的选择控制,其语法格式为:

switch(表达式)
{
  case 常量表达式 1:
    语句 1;
  case 常量表达式 2:
    语句 2;
  …
  case 常量表达式 n:
    语句 n;

```
default：
    语句 n+1；
}
```

执行过程：首先对 switch 后括号中的表达式求值，然后依次在各个 case 分支中寻找，一旦找到所求值与某个 case 分支的常量表达式值相等，就顺序执行该 case 分支及其后各分支内嵌的语句，直到遇到 break 语句或最后的"}"为止；若未找到相等的 case 分支，则执行 default 分支内嵌的语句。

需要说明的是：

(1)switch 后括号中表达式的值只能是 int 型或 char 型。

(2)各个 case 分支的常量表达式的类型都要与 switch 后括号中表达式的类型一致。

(3)各个 case 分支的常量表达式的值必须互不相同，否则会出现互相矛盾的现象。

(4)各个分支均允许内嵌多条语句，而且可以不用{}括起来。

(5)各个分支内嵌的语句中可以有 break 语句(通常为最后一条语句)，也可以没有。执行某个 case 分支内嵌的语句时，如果遇到 break 语句，则退出 switch 语句；否则执行完该分支内嵌的语句后，自动转去执行后续分支内嵌的语句。

(6)default 分支可省略。

【例 2.11】输入一成绩值 score，按下列规则输出相应的成绩等级。

优秀	(score≥90)
良好	(80≤score<90)
中等	(70≤score<80)
及格	(60≤score<70)
不及格	(score<60)

```java
//filename：Example_0211.java
//将输入的成绩值转换成对应的成绩等级
import java.util.Scanner；
public class Example_0211
{
  public static void main(String args[])
  {
    int score；
    Scanner scanner=new Scanner(System.in)；
    System.out.print("输入成绩值(0-100)：")；
    score=scanner.nextInt()；          //输入成绩值
    if(score>=0 && score<=100)         //判断输入成绩值的有效性
    {
      switch(score/10)
      {
```

```
        case 10：
        case 9：
          System. out. println("成绩:"+score+" 优秀!");
          break；
        case 8：
          System. out. println("成绩:"+score+" 良好!");
          break；
        case 7：
          System. out. println("成绩:"+score+" 中等!");
          break；
        case 6：
          System. out. println("成绩:"+score+" 及格!");
          break；
        default：
          System. out. println("成绩:"+score+" 不及格!");
        }
      }
    else
      System. out. println("输入的成绩有误!");
    }
}
```

程序运行结果如图 2-15 所示。

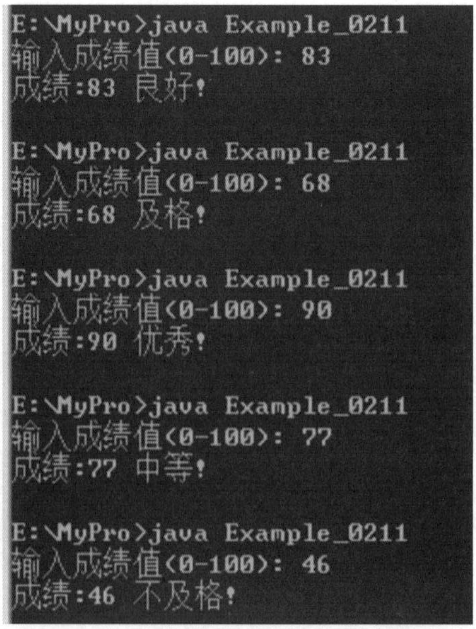

图 2-15　例 2.11 运行结果

2.4.2　循环结构程序控制语句

循环结构是程序中一种非常重要的基本结构,是指在一定条件下反复执行某段程序的流程结构。被反复执行的程序段称为循环体。Java 语言提供了 3 种循环结构控制语句,分别是 while 语句、do-while 语句和 for 语句。以下分别详细介绍。

1. while 语句

while 语句用于实现"当型"循环控制,它是根据 while 后括号中表达式值是否为 true 来判断是否反复执行循环体。其语法格式为:

while(表达式)
{
　循环体;
}

执行过程:首先判断括号中的 while 后括号中表达式值是否为 true,若是则执行循环体,接着返回再判断表达式值,若仍为 true 则继续执行循环体,反复上述过程直到表达式值为 false,则退出本循环。其流程图如图 2-16 所示。

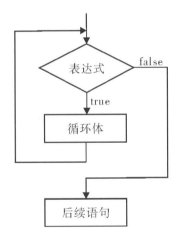

图 2-16　**while** 语句流程图

【例 2.12】用 while 语句求 sum＝1＋2＋3＋…＋120。

//filename:Example_0212.java

//求 sum＝1＋2＋3＋…＋120

public class Example_0212

{

　public static void main(String args[])

　{

　　int i,sum＝0;

```
i=1;
while(i<=120)
{
  sum+=i;
  i++;
}
System. out. println("1+2+3+…+120="+sum);
 }
}
```

程序运行结果如图 2-17 所示。

```
E:\MyPro>java Example_0212
1+2+3+...+120=7260
```

图 2-17　例 2.12 运行结果

2. do-while 语句

do-while 语句用于实现"直到型"循环控制,它是让循环体至少执行一次后,再判断 while 后括号中表达式值是否为 true 来决定是否反复执行循环体。其语法格式为:

```
do
{
  循环体;
}while(表达式);
```

执行过程:首先执行循环体,接着判断 while 后括号中表达式值是否为 true,若是则返回再执行一次循环体,再判断 while 后括号中表达式值,若为 true 则继续执行循环体,反复上述过程直到 while 后括号中表达式值为 false,则退出本循环。其流程图如图 2-18 所示。

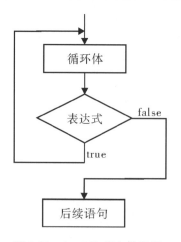

图 2-18　do-while 语句流程图

对比图 2-16 和图 2-18 可以看出, while 语句用于先判断 while 后括号中表达式值是否为 true, 再决定是否反复执行循环体, 而 do-while 语句刚好相反, 先执行循环体后再判断 while 后括号中表达式值是否为 true, 再决定是否反复执行循环体。因此, while 语句控制循环时可能一次都没执行循环体, 而 do-while 语句控制循环时至少要执行一次循环体。

【例 2.13】用 do-while 语句实现判断输入的整型数是否介于[0,100]区间。

```java
//filename: Example_0213.java
//判断输入的整型数是否介于[0,100]区间
import java.util.Scanner;
public class Example_0213
{
  public static void main(String args[])
  {
    int x;
    Scanner scanner=new Scanner(System.in);
    do
    {
      System.out.print("输入 x 值(0-100): ");
      x=scanner.nextInt();            //接收输入的整型数
    }while(x<0 || x>100);             //判断 x 小于 0 或 x 大于 100 就要求重新输入
    System.out.println("输入的 x 值:"+x+" 符合要求!");
  }
}
```

程序运行结果如图 2-19 所示。

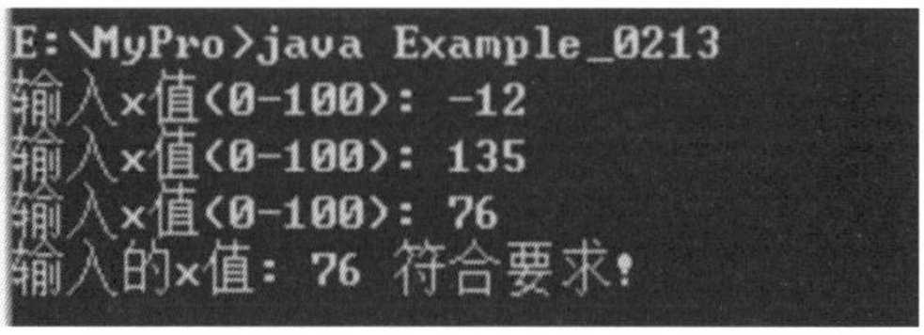

图 2-19　例 2.13 运行结果

3. for 语句

for 语句是三种循环语句中功能最强、使用最广泛的循环结构控制语句, 其语法格式为:

```
for(表达式 1;表达式 2;表达式 3)
{
    循环体;
}
```

其中"表达式 1"为 for 语句的初始化部分, 通常用于设置循环变量的初值, 在整个循环过

程中只执行 1 次;"表达式 2"为表达式,如果值为 true 则执行循环体,否则结束本循环;"表达式 3"为增量表达式,通常在每次执行完循环体后改变循环控制变量的值。

执行过程:首先计算表达式 1。接着判断表达式 2 的值,若为 true 执行循环体,然后计算表达式 3,到此第一轮循环结束;若为 false 则直接跳出整个 for 语句。第二轮循环从判断表达式 2 的值开始,若仍为 true 则继续循环,否则跳出整个 for 语句。for 语句流程图如图 2-20 所示。

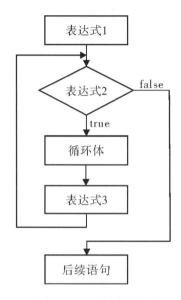

图 2-20 for 语句流程图

需要说明的是:(1)for 语句括号中三个表达式之间用分号分隔,即使省略三个表达式但分号也不能省略;(2)表达式 1 和表达式 3 可以用逗号分开成多个表达式;(3)若表达式 2 为空,则会产生无限循环,需要在循环体中另外书写跳转语句终止循环。

【例 2.14】用 for 语句计算 s=25!。

```
//filename：Example_0214.java
//求 s=20!
public class Example_0214
{
 public static void main(String args[])
 {
  int i;
  double s=1.0;
  for(i=1;i<=25;i++)
  {
   s * =i;
  }
```

```
  System. out. println("25!  ="+s);
 }
}
```

程序运行结果如图 2-21 所示。

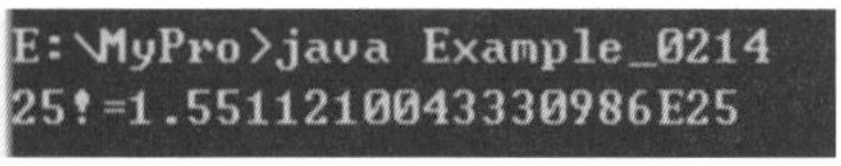

```
E:\MyPro>java Example_0214
25!=1.5511210043330986E25
```

图 2-21 例 2.14 运行结果

当一个循环体内又包含循环控制结构时，称之为循环的嵌套，但应注意内层循环必须完全包含于外层之内。

【例 2.15】用循环嵌套结构输出九九乘法表。

```
//filename: Example_0215. java
//输出九九乘法表
public class Example_0215
{
 public static void main(String args[])
 {
  int i,j,s;
  for(i=1;i<=9;i++)
  {
   for(j=1;j<=i;j++)
   {
    s=i*j;
    System. out. print(i+" * "+j+"="+s+" ");
   }
   System. out. println();                //换行
  }
 }
}
```

程序运行结果如图 2-22 所示。

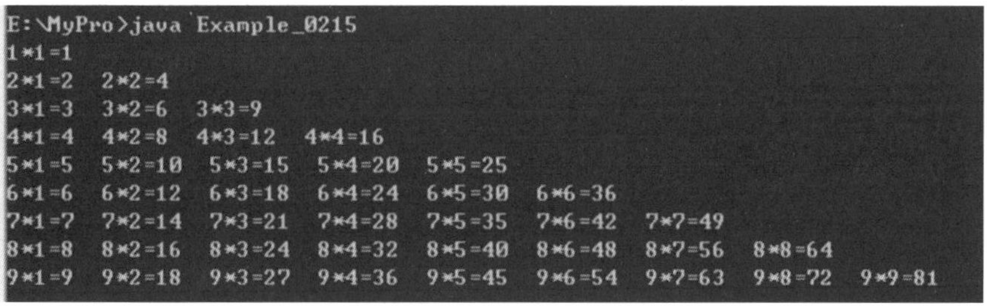

```
E:\MyPro>java Example_0215
1*1=1
2*1=2  2*2=4
3*1=3  3*2=6  3*3=9
4*1=4  4*2=8  4*3=12  4*4=16
5*1=5  5*2=10  5*3=15  5*4=20  5*5=25
6*1=6  6*2=12  6*3=18  6*4=24  6*5=30  6*6=36
7*1=7  7*2=14  7*3=21  7*4=28  7*5=35  7*6=42  7*7=49
8*1=8  8*2=16  8*3=24  8*4=32  8*5=40  8*6=48  8*7=56  8*8=64
9*1=9  9*2=18  9*3=27  9*4=36  9*5=45  9*6=54  9*7=63  9*8=72  9*9=81
```

图 2-22 例 2.15 运行结果

实际上 for 语句与 while 语句实现的功能是完全一样的,任何 for 循环都可以用 while 循环来改写,反之亦然。while 和 do-while 语句一般用于实现循环次数无法预先估计的情况,for 语句常用于实现预先知道循环次数的情况,且 for 语句结构非常简练。读者可根据实际需要灵活采用。

2.4.3 跳转控制语句

跳转控制语句也称转移语句,是用于改变程序控制流程的语句。Java 语句提供了 3 种跳转语句:break、continue 和 return 语句。

1. break 语句

在前面 switch 语句知识点中已介绍过 break 语句。break 语句可用在分支开关语句 switch 和循环语句中。当 break 语句用于分支开关语句 switch 时,将使程序执行流程跳出 switch 语句;当 break 语句用于循环语句时,将使程序执行流程无条件退出循环,转去执行后续语句。

【例 2.16】求两个指定正整数的最小公倍数。

```java
//filename：Example_0216.java
//求两正整数的最小公倍数
public class Example_0216
{
 public static void main(String args[])
 {
  int a,b,i,commonMultiple=0;     //定义变量,其中 commonMultiple 存放最小公倍数
  a=27;
  b=15;
  for(i=1;i<=15;i++)
  {
   commonMultiple=a*i;
   if( commonMultiple%b==0 )
    break;            //找到最小公倍数,强行退出循环
  }
  System.out.println(a+","+b+" 的最小公倍数为："+commonMultiple);
 }
}
```

程序运行结果如图 2-23 所示。

```
E:\MyPro>java Example_0216
27,15 的最小公倍数为：135
```

图 2-23 例 2.16 运行结果

2. continue 语句

continue 语句只能用在 while、do-while 或者 for 的循环语句中,其作用是强行终止本轮循环,跳过本轮循环后面剩余的语句,转去执行下一轮循环,但并不退出循环,且 continue 语句常与 if 条件语句配合使用。

在循环语句中,break 语句和 continue 语句的作用都是用于终止循环,但是,continue 语句只结束本轮循环,并没有终止整个循环的执行;而 break 语句则终止包含它的循环,转去执行循环后的后续语句。

【例 2.17】求 1～100 能被 7 整除的所有自然数之和。

```
//filename：Example_0217.java
//求 1～100 之间能被 7 整除的所有自然数之和
public class Example_0217
{
  public static void main(String args[])
  {
   int i,sum=0;
   for(i=1;i<=100;i++)
   {
    if( i%7! =0 )
     continue;        //不是 7 的倍数,转去执行下一轮循环
    sum+=i;
   }
   System.out.println("sum= "+sum);
  }
}
```

程序运行结果如图 2-24 所示。

图 2-24　例 2.17 运行结果

3. return 语句

return 语句用于退出当前的方法(函数),使程序控制流程返回到调用该方法(函数)语句的下一条语句执行。有关 return 语句将在后续章节进行详细讨论。

需要说明的是:Java 语言的程序控制语句与 C 语言有所区别,作为面向对象的程序设计语言,所有 Java 语言的程序控制语句必须写在类的方法体中。

2.5 数组与字符串

在实际应用中,往往需要处理的数据是大批量的,且数据之间有时存在着某种内在联系。例如,一次实验中对某一参数进行多次测量所得到的一组实验数据;一个班级 70 位同学某门课程的考试成绩等,若使用单一变量来逐一表示这些数据,不仅十分烦琐也无法反映出这些数据之间的联系,但这些数据有一特点:数据之间不仅是相关的,而且是同类型的。为此,像其他高级语言一样,Java 语言提供了复合类型的数据,即由若干个基本类型数据按一定规则组成的复杂数据对象。

数组是 Java 语言最简单、最常用的复合型数据类型。所谓数组,是指具有相同类型的数据组成的序列,是有序集合。数组用一个统一的数组名标识一组数据,数组中的一个数据称为一个数组元素,每个数组元素用下标来指示其在数组中的顺序号,每个数组元素就是一个变量。数组可以是一维的,也可以是多维的。

本节主要介绍数组的定义、创建与初始化,数组元素引用和数组应用,并对字符串作简单介绍。

2.5.1 一维数组

一维数组是指数组元素只有一个下标的数组。Java 语言中,创建数组一般要经过数组的声明、创建和初始化三个步骤。

1. 声明一维数组

与前面介绍的变量定义相类似,数组也须先声明后才使用,声明一维数组的语法格式为:

数据类型名　　数组名[ ];

或

数据类型名　　[ ]数组名;

其中,数据类型名声明数组中每一个数组元素的数据类型;数据类型名,即可以是 Java 语言的基本数据类型,也可以是对象数据类型;数组名遵循 Java 语言标识符的命名规则。例如:

int a[ ];

float [ ]x;

2. 创建一维数组

与前面介绍变量不一样的是,在声明数组时,系统并没有为该数组分配内存空间,也没指定数组元素个数,声明数组后还要进行数组的创建,即实例化数组。创建一维数组使用 new 运算符,语法格式为:

数组名＝new 数据类型名[数组元素大小];

使用 new 运算符创建数组,即指定了数组的长度并分配相应的内存空间。例如:

```
a=new int[20];              //给一维数组 a 分配内存空间,用于保存 20 个 int 型数据
x=new float[15];            //给一维数组 x 分配内存空间,用于保存 15 个 float 型数据
```

也可将声明数组和创建数组合并成一条语句,例如:

```
int a[ ]=new int[20];
float x[ ]=new float[15];
```

3. 初始化一维数组

使用 new 运算符创建数组后,系统自动用与所定义数据类型相匹配的默认值对其初始化,如:数值型:0、布尔型:false、字符型:'\u0000'、对象型:null。

若要给数组各元素赋具体值,可使用以下两种方法。

(1)静态初始化法,即在定义数组时直接赋初值。例如:

```
int a[ ]={0, 1, -2, 3, 5, 8, -4, 7, 6, 9};
```

需要说明的是:初值数据的个数就是数组的长度,且一旦用这种方法定义数组后数组的长度就不能再改变。因此,这种方法建立数组只适用于元素个数不多,且可以一一罗列数据的情况。

(2)直接赋值法,即直接对每个元素进行赋值。例如:

```
int [ ] a=new int[10];
a[0]=0;      a[1]=1;      a[2]=-2;      a[3]=3;      a[4]=5;      …      a[9]=9;
```

4. 一维数组元素的引用

数组经过声明、创建和初始化后,就可以引用其中的元素了。由于数组属复合型数据,其使用与前面章节介绍的基本类型数据是完全不一样的,数组名实质上代表了数组在内存的起始地址,是一个常量地址,使用过程既不能对数组名进行赋值,也不能利用数组名来一次引用整个数组,而只能逐个引用数组中的各个元素。

一维数组元素的表示与引用形式为:

数组名[下标]

说明:方括号中的下标是数组元素在数组中的顺序号,可以是整型常量、整型变量或整型表达式,下标取值范围应在下界 0 到"数组长度-1"之间,如果使用了越界的下标则会产生异常。Java 语言中,数组长度一般是通过数组的 length( )函数取得。由于下标可以是整型变量或整型表达式,编写程序时,利用循环控制变量来表示数组元素下标就显得简洁和方便。

【例 2.18】一维数组元素的赋值与输出。

```
//filename：Example_0218.java
//一维数组元素的赋值与输出
public class Example_0218
{
  public static void main(String args[])
  {
    int [ ]a=new int[10];                //声明,创建 int 型数组 a
```

```
float x[ ]={2.5F,6F,9F,-13.7F};                //静态初始化 float 型数组 x
int i;
int len=x.length;                              //获取数组 x 的长度
//输出数组 x 各元素值
System.out.println("数组 x 各元素值：");
for(i=0;i<=len-1;i++)
{
  System.out.print(x[i]+" ");
}
System.out.println( );
//将 1～10 的 10 个数分别赋予数组 a 各元素,并实现输出
for(i=0;i<10;i++)
  a[i]=i+1;
System.out.println("数组 a 各元素值：");
for(i=0;i<10;i++)
{
  System.out.print(a[i]+" ");
}
System.out.println( );
}
}
```

程序运行结果如图 2-25 所示。

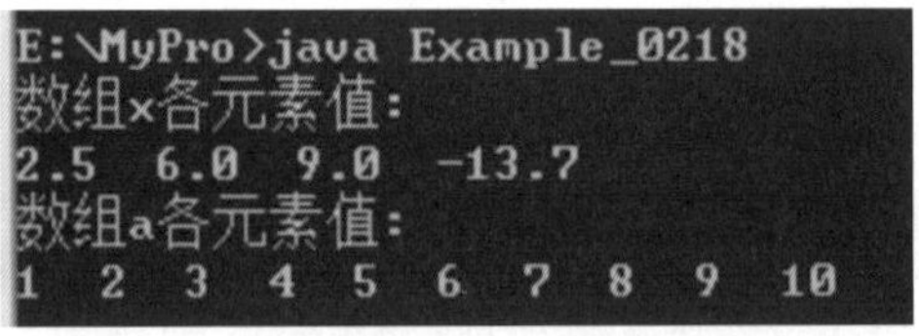

图 2-25　例 2.18 运行结果

2.5.2　二维数组

前面已讨论了只有一个下标的一维数组,在数据处理中常遇见二维、三维等多维数组。多维数组,即数组元素含有多个下标,本节侧重讨论二维数组。

1.声明二维数组

二维数组是指数组元素有两个下标的数组。声明二维数组的语法格式为：

数据类型名　　数组名[ ][ ];

或

数据类型名　　［ ］［ ］数组名；

例如：

int num［ ］［ ］；

float［ ］xx；

2. 创建二维数组

创建二维数组同样要使用 new 运算符，其语法形式为：

数组名＝new　　数据类型名［第一维大小］［第二维大小］；

其中第一个方括号内的"常量表达式 1"用以指明数组的数据行数，第二个方括号中的"常量表达式 2"用以指明每行的数据个数，且常量表达式 1 与常量表达式 2 也必须是整型常量或符号常量。

例如：

num＝new int［3］［5］；

//给二维数组 num 分配内存空间，用于保存 3 行 5 列共 15 个 int 型数据

xx＝new float［2］［3］；

//给二维数组 xx 分配内存空间，用于保存 2 行 3 列共 6 个 float 型数据

也可将声明数组和创建数组合并成一条语句，例如：

int num［ ］［ ］＝new int［3］［5］；

float xx［ ］［ ］＝new float［2］［3］；

需要说明的是：创建二维数组时系统同样为其在内存中分配一片连续的存储单元，虽然二维数组在逻辑上是二维的，但从存储上看，二维数组仍是一维线性空间，每个元素在内存中的存放顺序是"按行优先"方式进行的，即先存放第一行，然后第二行、第三行……直到最后一行。

3. 初始化二维数组

(1)二维数组的静态初始化。例如：

int num［ ］［ ］＝{{0, 1, −2, 3, 5},{11,15,10,22,18},{ 8, −4, 7, 6, 9}};

(2)直接赋值法，即直接对每个元素进行赋值。例如：

float xx［ ］＝new float［2］［3］；

xx［0］［0］＝0F；　　xx［0］［1］＝1.2F；　　x［1］［2］＝−2.5F；　　xx［1］［0］＝3F；

xx［1］［1］＝5.5F；　　xx［1］［2］＝6.3F；

4. 二维数组元素的引用

类似于一维数组，对二维数组也只能引用其单个数组元素，而不能引用整个数组，二维数组元素的表示与引用形式为：

数组名［一维下标］［二维下标］

说明：引用二维数组元素时，下标可以是整型常量、变量或表达式。方括号中"一维下标"称为第一维下标(行下标)，取值范围在 0 至"第一维长度−1"之间；"二维下标"称为第二维下标(列下标)，取值范围在 0 至"第二维长度−1"之间。程序编写时通常采用二层循环结构实现

对二维数组各元素的逐个引用。

【例 2. 19】二维数组元素的赋值与输出。

```
//filename：Example_0219.java
//二维数组元素的赋值与输出
public class Example_0219
{
 public static void main(String args[])
 {
  int [ ][ ]num＝new int[3][5];          //声明,创建 int 型二维数组 num
  int i,j;
  //利用内外循环分别给数组 num 各元素赋初值,并实现输出
  for(i＝0;i<3;i++)
   for(j＝0;j<5;j++)
    num[i][j]＝i＊5+j+1;
  System. out. println("二维数组 num 各元素值：");
  for(i＝0;i<3;i++)
  {
   for(j＝0;j<5;j++)
    System. out. print(num[i][j]+" ");
   System. out. println( );
  }
 }
}
```

程序运行结果如图 2-26 所示。

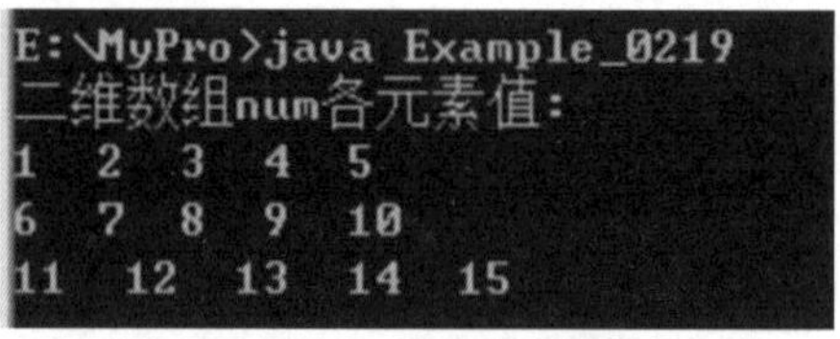

图 2-26　例 2.19 运行结果

2.5.3　数组应用举例

在数组实际应用中,通常利用循环控制变量动态地改变数组元素下标,从而达到访问整体数组的目的。以下通过例题来说明数组的应用与编程技巧。

【例 2.20】在一组无序且不重复的数据中查找一个数,若有则显示该数所在位置,否则输

出相关提示信息。

```
//filename：Example_0220.java
//在一组数中查找指定的数
import java.util.Scanner；
public class Example_0220
{
  public static void main(String args[])
  {
    int a[]={21,13,52,0,-15,16,18,1,6,2,-20,17,9,23,8}；
    int i,x,f_at=0；                //f_at 存放找到数的下标
    boolean bool=false；          //bool 标识是否找到
    //输出数组中各元素值
    System.out.print("数组各元素值为：")；
    for(i=0;i<a.length;i++)
      System.out.print(a[i]+" ")；
    System.out.println()；
    System.out.print("输入待查找的数：")；
    Scanner scanner=new Scanner(System.in)；
    x=scanner.nextInt()；
    //利用循环语句逐个元素查找
    for(i=0;i<a.length;i++)
    {
      if(a[i]==x)
      {
        bool=true；
        f_at=i；
        break；
      }
    }
    if(bool)
    System.out.println(x+" 找到了,所处数组下标为："+f_at)；
    else
    System.out.println(x+" 未找到!")；
  }
}
```

程序运行结果如图 2-27 所示。

【例 2.21】利用冒泡法对输入的 10 个整型数按从小到大顺序排列。

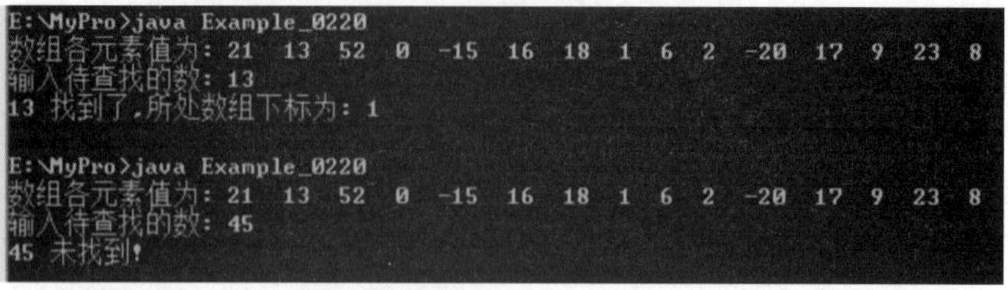

图 2-27　例 2.20 运行结果

```java
//filename：Example_0221.java
//利用冒泡法对输入的 10 个整型数按从小到大顺序排列
import java.util.Scanner;
public class Example_0221
{
  public static void main(String args[])
  {
    int a[]=new int[10];
    int i,j,k,temp;          //f_at 存放找到数的下标
    Scanner scanner=new Scanner(System.in);
    //接受键盘输入的 10 个整型数
    for(i=0;i<10;i++)
    {
      System.out.print("输入第 "+(i+1)+" 个数：");
      a[i]=scanner.nextInt();
    }
    //输出数组 a 各元素值
    System.out.println("数组 a 各元素值为：");
    for(i=0;i<10;i++)
      System.out.print(a[i]+" ");
    System.out.println();
    //冒泡排序
    for(i=9;i>=1;i--)
    {
      k=i;
      for(j=0;j<=k-1;j++)
      {
        if(a[j]>a[j+1])
        {
          temp=a[j];     a[j]=a[j+1];     a[j+1]=temp;
        }
```

```
      }
    }
  //输出排序后数组 a 各元素值
  System.out.println("排序后数组 a 各元素值为：");
  for(i=0;i<10;i++)
    System.out.print(a[i]+" ");
  System.out.println();
  }
}
```

程序运行结果如图 2-28 所示。

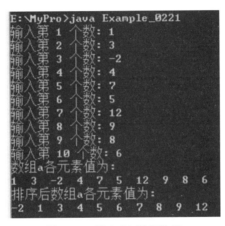

图 2-28　例 2.21 运行结果

【例 2.22】将如下所示的 5 行 5 列矩阵赋予二维数组 a，并输出转置后的矩阵。

1	2	3	4	5		1	6	11	16	21
6	7	8	9	10		2	7	12	17	22
11	12	13	14	15	转置	3	8	13	18	23
16	17	18	19	20		4	9	14	19	24
21	22	23	24	25		5	10	15	20	25

```
//filename：Example_0222.java
//将 5 行 5 列矩阵中的各数赋予二维数组 a，并输出转置后的矩阵
public class Example_0222
{
  public static void main(String args[])
  {
    int a[][]=new int[5][5];
    int i, j, temp;
    //利用内外循环实现二维数组各元素的赋值
    for(i=0;i<5;i++)
      for(j=0;j<5;j++)
```

```
        a[i][j]=i*5+j+1;
//输出转置前二维数组 a 表示的矩阵
System.out.println("转置前的矩阵：");
for(i=0;i<5;i++)
{
  for(j=0;j<5;j++)
    System.out.print(a[i][j]+" ");
  System.out.println();
}
//实现转置
for(i=0;i<5;i++ )
  for(j=0;j<i;j++)
  {
    temp=a[i][j]; a[i][j]=a[j][i]; a[j][i]=temp;
  }
  //输出转置后二维数组 a 表示的矩阵
  System.out.println("转置后的矩阵：");
  for(i=0;i<5;i++)
  {
    for(j=0;j<5;j++)
      System.out.print(a[i][j]+" ");
    System.out.println();
  }
 }
}
```

程序运行结果如图 2-29 所示。

图 2-29 例 2.22 运行结果

2.5.4　字符串

字符串是程序中最常用的数据,字符串操作也是程序中处理数据的基本操作。前面章节已简单介绍过字符常量和字符串常量,字符常量是用单撇号括起来的 Unicode 字符集中的一个字符,如:′M′、′b′、′中′等;字符串常量是由一对双引号括起来的 0 个或多个字符序列组成,如:"Java Program"、"编号 023"、""等。与 C、C++语言对字符串的处理有所区别,Java 语言将字符串作为一个对象,并专门提供了 String 类和 StringBuffer 类来处理字符串,以下分别介绍如何利用 String 类和 StringBuffer 类操作字符串。读者通过后续类与对象的概念学习,对 Java 的字符串也就更容易理解了。

1. String 类

String 类是用于表示字符串一般用途的类,它的特点是一旦创建之后,字符串的内容就不再做修改和变动。类似前面介绍的数组一样,字符串操作前也要经过声明与创建(初始化)。

(1)声明与创建 String 类对象

主要有以下 3 种形式。

①利用 new 运算符创建。

例如,声明一个 String 类对象 str 使用语句:

String str;

接着利用 new 运算符创建(初始化)对象 str,有些书籍称为对象实例化,语句为:

str=new String("Java Program");

上面两条语句也可以合并写成一条语句:

String str=new String("Java Program");

②直接利用字符串常量创建。

Java 语言中,字符串常量本质上是对象的一种表示方法,程序执行时,系统自动将字符串常量封装为对象,即把字符串常量当作一个对象来使用。因此,在实际应用中,常常使用一种更简单的创建 String 类对象方法,即直接利用字符串常量来创建初始化 String 类对象。例如语句:

```
String str;              //声明对象
str="Java Program";      //创建对象
```

可以等价于一条语句:

String str="Java Program";

③利用已有的字符型数组创建。

例如语句:

char data[ ]={′H′,′e′,′l′,′l′,′o′};

String str=new String(data);

String 类中 new String( )方法的几种常用形式如下:

String( ):创建一个空字符串常量。

String(String value)：根据一个已经存在的字符串常量来创建一个新的字符串常量。

String(char []value)：根据一个已经存在的字符数组来创建一个新的字符串常量。

String(byte[] bytes)：根据一个已经存在的字节型数组来创建一个新的字符串常量。

String(byte[] bytes,int startIdnex,int numChars)：根据一个已经存在的字节型数组的指定部分来创建一个新的字符串常量。

String(StringBuffer buffer)：根据一个已经存在的 StringBuffer 对象来创建一个新的字符串常量。

其中，采用字节型数组创建字符串的方法，在处理输入输出流时经常使用，后续章节将详细介绍。

需要说明的是：在创建字符串时，还可以使用字符连接运算符"＋"实现字符串的连接。例如：

String str＝"Java"＋" Program"；　　　　//声明并创建 String 类对象 Str

在创建字符串时，如果字符串与其他类型变量使用"＋"进行连接，系统自动将其他类型转换为字符串。例如：

int i＝5；

String str＝"i＝"＋i；//声明并创建 String 类对象 Str,内容为"i＝5"

（2）String 类主要方法

String 类定义了很多方法，通过这些方法可实现字符串的各种操作。以下仅列举部分常用的 String 类方法，读者可根据实际需要查阅相关书籍。

① length()：获取当前字符串的长度（即其中字符的个数）。例如：

String str1＝"Sun"；　　　　　　　//直接赋值创建对象 str1

String str2＝new String("早上好")；　　//利用 new 运算符创建对象 str2

System. out. println(str1. length())；　//运行结果：3

System. out. println(str2. length())；　//运行结果：3

因为 Java 中每个字符都是 Unicode 字符，所以汉字与英文或其他符号占用的字节空间一样。

② equals(String str)：判断当前字符串与参数字符串是否完全相同，是返回 true,否则返回 false。例如：

String s1＝"abc", s2＝"cba"；

String s3＝new String("Java")；

String s4＝new String("Java")；

boolean b1＝(s1. equals(s2))；

boolean b2＝(s3. equals(s4))；

boolean b3＝(s1＝＝s2)；

boolean b4＝(s3＝＝s4)；

System. out. println("b1＝"＋b1＋"\t"＋"b2＝"＋b2＋"\t"＋"b3＝"＋b3＋"\t"＋"b4＝"＋b4)；

// 运行结果：b1＝false　　　　b2＝true　　　　b3＝false　　　　b4＝false

equals()方法用于比较两个字符串对象中的内容是否完全相同；比较运算符"＝＝"是比较两个对象的内存地址，只有地址相同结果才是 true。很明显 s3 和 s4 是两不同对象所占内存不同，即使它们的内容相同。所以，要比较两字符串的内容是否完全相同，最好使用equals()方法。

③ concat(String str)：将参数字符串连接到当前字符串的后面。例如：

String strA＝"欢迎使用"；

String strB＝"Java!"；

String strC＝strA.concat(strB)；

System.out.println(strC)；　　　　　　　　//运行结果：欢迎使用 Java!

④ compareTo(String str)：将当前字符串与参数字符串进行比较。在比较字符串内容时，是从字符串的第一个字符开始进行逐个对应位置的字符相比较，当遇到第一个不相同字符时，则将相应字符的 Unicode 值差作为比较结果。如果都相同返回 0；当前字符串比参数字符串小，返回负值；当前字符串比参数字符串大，返回正值。例如：

String s1＝"akm"；

String s2＝"AKM"；

System.out.println(s1.compareTo(s2))；　　　　//运行结果：32

因为字符'a'的 Unicode 值比'A'的 Unicode 值大 32。

⑤ substring(int starPosition)：从当前字符串的第 starPosition 位置开始截取一个子串。例如：

System.out.println("欢迎使用 Java!".substring(2))；　　　　//运行结果：使用 Java!

⑥ toLowerCase()：将当前字符串中大写英文字母转换成小写。例如：

String s＝"abcKBM123"；

System.out.println(s.toLowerCase())；　　　　//运行结果：abckbm123

⑦ toUpperCase()：将当前字符串中小写英文字母转换成大写。例如：

String s＝"abcKBM123"；

System.out.println(s.toUpperCase())；　　　　//运行结果：ABCKBM123

⑧ Integer.parseInt()：将当前数字表示的字符串转换成 int 型。例如：

String s＝"316"；

System.out.println(Integer.parseInt(s))；　　　　//运行结果：316

⑨ String.valueOf()：将数值转换成字符串。例如：

int x＝2136；

String s＝String.valueOf(x)；

System.out.println(s)；　　　　//运行结果：2136

⑩ replaceAll()：用指定字符串替换当前字符串的所有子串。例如：

String s＝"学习 Delphi 语言，编写 Delphi 源程序!"；

System.out.println(s.replaceAll("Delphi","Java"))；

//运行结果：学习 Java 语言，编写 Java 源程序！

需要说明的是：String 类定义的字符串操作方法，实质上只提供了得到字符串信息的访问方法，已创建的 String 类对象中字符是不能被修改的，有些参考书也称其为字符串常量，这也是 String 类对象一个优点——实现共享。

2. StringBuffer 类

StringBuffer 类顾名思义是字符串缓冲区，是一个可以修改的字符串对象，不仅可以接受添加、插入、修改等操作，还可以读入整个文件，使用起来比 String 类更加灵活、方便。类似 String 类对象，StringBuffer 类对象操作前也要经过声明与创建（初始化）。

(1)声明与创建 String 类对象

其常用形式有以下 3 种。

① StringBuffer( )

创建一个空字符串对象，初始容量是 16 个字符。例如：

StringBuffer strb＝new StringBuffer( );

② StringBuffer(int length)

创建一个长度为 length 的空字符串缓冲区。例如：

StringBuffer strb＝new StringBuffer(512);

③ StringBuffer(String str)

创建一个内容为 str 的字符串。例如：

StringBuffer strb＝new StringBuffer("This is a program");

(2)StringBuffer 类主要方法

StringBuffer 类也定义了很多方法，通过这些方法可实现字符串的各种操作。以下仅列举部分常用的 String 类方法，读者可根据实际需要查阅其他书籍。

① length()：获取缓冲区的字符数。例如：

StringBuffer strb1＝new StringBuffer( );

StringBuffer strb2＝new StringBuffer("Java program");

System. out. println(strb1. length());   //运行结果：0

System. out. println(strb2. length());   //运行结果：12

② append(String str)：将 str 字符串追加到当前字符串后面。例如：

StringBuffer strb＝new StringBuffer("abc");

strb. append("ABC");

System. out. println(strb);   //运行结果：abcABC

从例子可看出，通过 append()方法可将新增的字符串追加到当前 StringBuffer 对象中，使该对象中的字符串内容发生了变化。

③ insert(int star, String str)：将字符串 str 插入当前字符串中从 star 开始的位置。例如：

StringBuffer strb＝new StringBuffer("abcABC");

strb. insert(3,"321");

System. out. println(strb);　　　　//运行结果：abc321ABC

④ delete(int star, int end)：删除当前字符串从 star 开始到 end－1 处结束的子字符串。例如：

StringBuffer strb＝new StringBuffer("Java 语言源程序！");

strb. delete(4,6);

System. out. println(strb);　　　　//运行结果：Java 源程序！

⑤ toString( )：将当前字符串转换成 String 对象。例如：

StringBuffer strb＝new StringBuffer("Java 语言");

strb. append("源程序！");

String str＝new String(strb. toString());

System. out. println(str);　　　　//运行结果：Java 语言源程序！

从以上几个例子可看出，StringBuffer 类对象中的字符串在创建之后，也可以根据实际情况需要进行扩充、修改等，有些参考书也称其为字符串变量。

以下通过简单例子说明 String 类与 StringBuffer 类的方法应用。

【例 2. 23】将字符串中的各个字符逆序存放。

```java
//filename：Example_0223. java
//将字符串中的各个字符逆序存放
public class Example_0223
{
 public static void main(String args[])
 {
  String str="Java 语言教程";
  System. out. println("原字符串为：" + str);
  int len＝str. length();
  StringBuffer strb＝new StringBuffer(len);　　//创建长度为 len 的空字符串缓冲区
  for(int i＝len－1;i＞＝0;i－－)
  {
   strb. append( str. charAt(i));
   //从 str 字符串末尾字符开始至首字符，逐个字符添加到 strb 中
  }
  System. out. println("逆序字符串为:" + strb);
 }
}
```

程序运行结果如图 2-30 所示。

```
E:\MyPro>java Example_0223
原字符串为：　Java语言教程
逆序字符串为:程教言语avaJ
```

图 2-30　例 2. 23 运行结果

本章详细介绍了 Java 语言的基础知识,包括 Java 基本数据类型、常量与变量的定义、各种运算符与表达式的意义与使用、运算中的数据类型转换;通过列举实例,重点介绍了 Java 程序控制语句的使用和常用算法;在 Java 语言中,数组和字符串都是通过类的对象来实现的,本章最后一节讲述了数组和字符串的声明、创建和实际应用示例。理解与掌握这些基础知识,将为以后的学习打下必要的基础。

2.1 已知分段函数如下:

$$y = \begin{cases} 0 & (0 < x) \\ x + 10.5 & (0 \leqslant x < 20) \\ \sqrt{x^2 - 15} & (x \geqslant 20) \end{cases}$$

根据输入的 x 值,求对应的 y 值。

2.2 输出 1~500 能同时被 3 和 5 整除的所有整数。

2.3 输出如下所示图形

```
* * * * * * *
 * * * * * *
  * * * * *
   * * * *
    * * *
     * *
      *
```

2.4 输入任意的 10 个整型数,输出其中的最大数和最小数。

2.5 求二维整型数组表示的 6 * 6 方阵中主、次对角线上所有元素之和。

2.6 输出指定字符串的长度及其中的每个字符。

第 3 章

Java 面向对象程序设计

 本章要点

- 类与对象。
- 类的封装。
- 类的继承与多态。
- 接口与包。
- 异常与异常处理机制。

3.1　面向对象程序设计基础

面向对象程序设计(OOP,Object Oriented Programming)是目前占据主流地位的一种先进的程序设计方法,它代表了一种全新的程序设计思路和观察、表述、处理问题的角度,与传统的面向过程的程序设计方法不同,其基本思想是把人们对现实世界的认识过程应用到程序设计中,使现实世界中的事务与程序中的类和对象直接对应。

面向过程的程序设计以具体的解题过程为研究和实现的主体,数据结构和算法是其解题的核心,但随着软件规模和复杂度的不断增加,求解过程的程序设计语言无法将复杂的系统描述清楚,甚至于让程序员感到越来越力不从心。面向对象的程序设计是以求解问题中所涉及的各种对象为主体,力求求解过程贴近人们日常的思维习惯,降低了问题求解的难度和复杂性,大大提升了软件开发的效率和软件的质量,使软件开发和软件维护更加容易,同时也提高了软件的模块化和可重用化的程度。

3.1.1　对象与类的基本概念

对象(Object)是面向对象技术的一个很重要很基本的概念,对象是现实世界中某个具体的物理实体在计算机逻辑中的映射和体现,例如现实世界中的一个人、一辆汽车、一块手表等都是对象。

对象是由一组成员变量(Data)和相关的方法(Method)封装在一起构成的统一体。相对应的现实世界中每个实体都包括两个要素:一个是实体的基本属性(内部构成),另一个是实体的行为(或方法),即对该实体内部构成成分的操作或与外界信息的交换等。例如:一个人的基本属性有性别、年龄、身高、体重等,其行为有成长、吃饭、跑步等;一辆汽车的基本属性有发动机、颜色、轮子等，其行为有启动、行驶、刹车等。

类(Class)也是面向对象技术中另一个非常重要的概念，类是创建对象的模板，简单地说，就是首先创建对象的模板——类，再根据这个类来生成具体的对象。

把众多事物进行归纳、分类是人类认识客观世界经常采用的思维方法。不同的实体可能有相同的特征，把一类实体的共性抽象出来形成的一个模型就是类。例如：所有的人具有相同的特征，即抽象化构成人类；所有汽车具有相同的特征，即抽象化构成汽车类；也可以进一步将汽车和火车的共同特征抽象化构成陆路交通工具类等。

类与对象的关系可理解为：类是封装了一组具有相同属性和方法(或行为)的对象的模板，由类创建的每一个对象都具有相同的属性和方法(或行为)。由类来创建具体对象的过程称为实例化，即类的实例化结果就是对象。例如："教师"类的抽象特征有姓名、性别、年龄、学位等基本信息，这些称为类的属性，"教师"类可以授课、指导毕业设计、开展科学研究等行为，这些行为称为类的方法，"教师"类与对象"张三"的关系如图 3-1 所示。

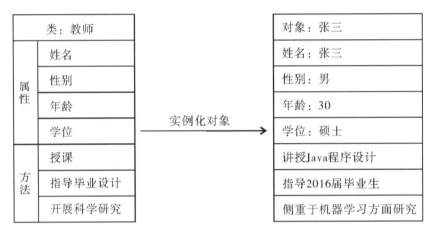

图 3-1 "教师"类和对象"张三"的关系

计算机世界和现实世界中类、对象、实体的相互关系和面向对象技术的解题思维方式详见图 3-2 所示。

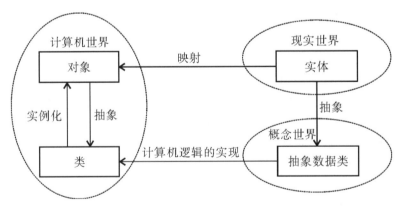

图 3-2 实体、对象和类的关系

3.1.2 面向对象程序设计的特性

封装性、继承性、多态性是面向对象程序设计的三个重要特性,具体表现在:

1. 封装性

封装(Encapsulation)是指将数据和操作数据的方法封装在一起构成一个整体,封装的过程就是构建对象的过程。封装是一种信息隐藏技术,设计者将实现细节隐藏在对象内,只有与数据封装在一起的方法才可以直接操作该数据。使用者只能看到对象封装界面的东西,只能使用设计者提供的消息来访问对象,而不必知道其中的实现细节。封装的目的在于将对象的设计者和对象的使用者完全分开。

2. 继承性

继承(Inheritance)是存在于面向对象程序设计中的两个类之间的一种关系,类似现实世界的"继承"特性。如果在软件开发中已有一个名为 Class_A 的类,又想创建一个名为 Class_B 的类,且 Class_B 只是在 Class_A 的基础上增加一些数据或操作数据的方法,显然不必从头设计 Class_B 类,只需创建具有继承关系的 Class_B。被继承的类称为父类或超类,如 Class_A;继承了父类(超类)数据和方法的类称为子类,如 Class_B。继承的主要优点是大大减少编程和维护的工作量,提高软件开发的效率。

3. 多态性

多态(Polymorphism)是指一个类中不同的方法具有相同的名字。即为同一个方法根据需要定义几个版本,运行时调用者只需使用同一个方法名,系统会根据不同情况,调用相应的不同方法,从而实现不同的功能。多态性即"一个名字,多个方法"。多态有两种情况:一是在同一个类中定义多个同名字的不同方法实现重载;二是子类对父类方法的重新改写实现重写。

3.1.3 面向对象程序设计的优势

面向对象程序设计的优势主要表现在:(1)接近人类习惯的思维方式;(2)可重用性好,可采用大量可重用的类库,提高了开发效率,缩短了开发周期,降低了开发成本;(3)可扩展性好,可通过快速原型搭建框架,再根据用户业务扩展需要很方便、容易地进行扩充和修改,大大降低了维护的工作量和开销;(4)可管理性好,通过类作为构建系统的部件,提高了程序的标准化程度,更适合于大型软件开发。

以上只是粗略地介绍了面向对象程序设计中对象和类的基本概念,以及面向对象程序设计的主要特性和优势,接下来将详细介绍 Java 类和对象的设计方法。

3.2 类

类与对象是 Java 的核心和本质,Java 类可分为两种:系统定义的类库(即 Java API)和用户自定义的类,学习 Java 语言实际上包括两个方面:一方面是学会编写自己所需的类,另一方面是学会利用好 Java 类库中的类和方法。本节主要介绍如何定义用户自己的类、类的基本组成。

3.2.1 类的定义

Java 中类的定义包括类首部和类体两部分内容,其一般语法形式为:

```
[类修饰符]class 类名 [extends 父类][implements 接口名]          //类首部
{
    成员变量定义;          //表明类的属性
    成员方法定义;          //描述类的行为
}
```

1. 类首部

类定义中的第一行:[类修饰符] class 类名 [extends 父类名][implements 接口名]是类的声明部分,通过关键字 class 声明紧随其后的类名为新建的类。类名应为合法的 Java 标识符,按习惯以每个单词大写字母开头。用“[ ]”括起来为可选部分,并不要求在定义时都出现,而是根据实际情况而定。其中:

(1)[类修饰符]用于声明当前类的属性,可选项有 public、private、abstract 和 final。

public 修饰符声明当前类可以在其他类中使用。

private 修饰符声明当前类只能被同一个包中的其他类使用,这是 Java 默认可缺省方式。

abstract 修饰符声明当前类为抽象类,即当前类不能被实例化。一个抽象类可以包含抽象方法,且是没有实现的空方法,抽象类不具备实际功能,一般是作为其他类的超类。

final 修饰符声明当前类不能被继承,即不能派生子类,不能用它通过扩展方法来创建新类。

需要说明的是:abstract 和 final 不能同时作为一个类的修饰符。

(2)[extends 父类名]用于声明当前类是继承自父类名指定的父类,指定的父类可以是 Java 类库中定义的类,也可以是同一个程序或其他程序中已定义好的类,且只能指定一个父类,因为 Java 只支持单重继承。

(3)[implements 接口名]用于声明当前类中实现了哪个接口定义的功能和方法。接口是 Java 用于实现多重继承的一种特殊机制,通过声明接口可以增强类的处理功能,接口的具体使用方法将在后续章节详细介绍。

2. 类体

紧随类首部后面包含在一对“{ }”中的是类体部分,由类的两种成员:成员变量和成员方法组成,其中代码只能包含:声明类和类创建对象状态的变量;用于初始化新对象的构造方法;用于实现类和对象的行为的方法,而不能有其他语句,如控制语句、赋值语句等。接下来分别介绍成员变量和成员方法。

3.2.2　成员变量

1.成员变量

成员变量是指在类体中声明的变量,其一般语法形式为:

［修饰符］成员变量类型　　成员变量名列表;

(1)［修饰符］用于声明当前成员变量的属性,可选项有 public、protected、private、static、final、transient 和 volatile。

访问控制修饰符 public、protected 和 private 用于声明该成员变量的可访问属性,它们的含义将在后续章节更详细地介绍。

static 修饰符用于声明该成员变量是一个类变量(静态变量),表示该成员变量可被类的所有对象共享。

final 修饰符用于声明该成员变量是一个常量。

transient 修饰符用于声明该成员变量是一个暂时性变量,暂时性变量不是对象的永久部分。默认状态下,类中所有变量都是对象永久状态的一部分,当对象被保存到外存时,变量必须同时被保存;若是暂时性变量则指示 Java 虚拟机该变量不属于对象的永久状态,不能被永久存储。

volatile 修饰符用于声明可能同时被并行运行中的多个线程所控制或修改的一个成员变量,即该成员变量不仅能被当前程序所控制,而且在运行过程中可能存在其他未知程序的操作来影响和改变该变量的值。

(2)成员变量类型用于声明成员变量的数据类型,即可以是 Java 的基本数据类型,也可以是复合数据类型。

2.局部变量

Java 语言中,变量分为成员变量和局部变量。在类体中声明的变量称为成员变量,在成员方法中声明的变量以及成员方法中的参数均称为局部变量。成员变量在整个类体中有效,而局部变量只在定义它的方法内有效。局部变量仅适用于本成员方法范围,其他使用事项均与上面所介绍的成员变量是一致的。例如:

```
public class Box
{
  double length,width,height;        //声明三个成员变量
  double count( )                    //计算周长的成员方法
  {
    double perimeter;                //声明局部变量 perimeter
    perimeter=2 * (length+width+height);
    return perimeter;
  }
}
```

3. 变量使用小结

(1)声明成员变量或局部变量的类型可以是 Java 中的任意一种数据类型。

(2)成员变量在整个类体内有效,而局部变量只能在定义它的成员方法内有效。

(3)成员变量又可分为实例变量和类变量两种;类变量声明时前面需加上 static 修饰符,实例变量声明则没有 static 修饰符。

(4)不同对象的实例成员变量被分配不同的内存空间;同一类所有对象的类变量都被分配相同的内存空间,即对象共享类变量,改变一个对象的类变量将会影响其他对象的该类变量。

(5)类体中声明成员变量的同时可赋予初值,但对成员变量的操作只能放在成员方法中。例如:

```java
public class ClassA
{
 int x=6,y;                //声明成员变量 x 和 y,同时仅赋 x 初值
 y=15;                     //本行错误,因为利用赋值语句对 y 进行操作
 int sum( )                //成员方法
 {
  int s;                   //声明局部变量 s
  s=x+y;
  return s;
 }
}
```

(6)如果局部变量和成员变量同名时,成员变量被隐藏暂时无效,如确需使用成员变量必须使用关键字 this。例如:

```java
public class ClassA
{
 int x=6,y=15;             //声明成员变量 x 和 y 并初始化
 void fun( )               //成员方法
 {
  int x=10,s1,s2;          //声明局部变量 x、s1 和 s2 的同时仅对 x 赋初值 10
  s1=x+y;                  //s1 的值为 25,仅局部变量 x 值 10 起作用
  s2=this.x+y;             //s2 的值为 21,this 指明使用成员变量 x 的值 6
 }
}
```

3.2.3　成员方法

成员方法又称为成员函数,主要围绕类的属性进行各种操作,是实现类的内部功能的机制,同时也是类与外界进行交互的重要窗口,实现与其他类或对象进行数据交流、消息传递等

操作。成员方法只能在类体内声明并实现,通常在类体中先声明成员变量再声明成员方法。

1.成员方法的定义

与上面介绍的一个类的定义由类首部声明和类体两部分组成相似,成员方法的定义是由成员方法声明和方法体两部分组成,其一般语法形式为:

［修饰符］返回类型　成员方法名(参数表)

{

　　方法体;

}

(1)［修饰符］用于声明该成员方法被外部访问的权限,常用的有 public、protected、默认和 private 修饰符,还有非访问控制修饰符,如 static、final、abstract、native 和 synchronized 修饰符。同时成员方法与成员变量相似,也分为实例方法和类方法,声明类方法也应使用 static 修饰符。

(2)返回类型用于声明该成员方法返回值的数据类型,可以是 Java 中任意一种数据类型,即可以是 Java 基本数据类型,也可以是 Java 复合数据类型。成员方法返回值是通过方法体中的 return 语句获得的,若成员方法无返回值则声明为 void 型。

(3)成员方法名同样应符合 Java 标识符要求,紧随成员方法名之后的括号"( )"是成员方法的标志。很多成员方法都带有参数,参数通常用于实现接受成员方法外部的数据,因此,也需要声明其数据类型,当使用多个参数时,参数之间用逗号隔开。

2.方法体

紧随成员方法声明后面包含在一对"{ }"中的是方法体部分,方法体是成员方法的具体实现部分,包括局部变量的声明以及所有合法的 Java 语句,如赋值语句、控制语句等。例如:

```java
public class ClassA
{
  private int a;                    //声明成员变量 a
  public void set_a(int x)          //成员方法 set_a
  {
    if(x>=0)                        //利用选择控制语句实现给成员变量赋值
      a=x;
    else
      a=-x;
  }
}
```

3.3　对象

Java 程序中,类定义完成后,便可以使用类来创建对象,即类的实例化,而对象创建之后,即可对其进行访问。Java 程序通过创建的许多对象之间的消息传递进行交互,最终完成复杂功能。

　　对象的生命周期一般要经过创建对象、使用对象和释放对象三个阶段。

　　本节分别介绍如何创建、使用和释放对象，以及对象初始化方法等知识。

3.3.1　创建对象

　　创建对象包括声明对象和实例化对象两个步骤。

　　1.声明对象

　　声明对象就是定义了一个具体对象名称，并指定该对象所属的类，声明对象的一般语法形式为：

　　类名　对象名；

　　例如：

　　Person wanglin;　　　　　　//Person 是类名，wanglin 是对象名

　　2.实例化对象

　　声明一个对象时，并没有给该对象分配内存空间，而实例化对象即可完成对象的内存空间分配。实例化对象由 new 运算符来完成，一般语法形式为：

　　对象名＝new　类名([参数列表])；

　　例如：

　　wanglin＝new Person( )；

　　通常将对象声明和对象的实例化合在一起进行，上面两语句可以合成以下一条语句：

　　Person wanglin＝new Person( )；

3.3.2　使用对象

　　当一个对象实例化后，该对象就拥有自己的成员变量(实例变量)和成员方法(实例方法)。可以通过"."运算符实现对对象成员变量的访问和对象成员方法的调用，达到使用对象的目的。

　　1.访问对象成员变量

　　访问对象成员变量的一般语法形式为：

　　对象名.成员变量

　　例如，类 A 定义如下：

　　class A

　　{

　　　int x；

　　　void put( )

　　　{

```
  System. out. println("x="+x);
  }
}
```

实例化类 A 的对象 a 后,a 对象的成员变量 x 赋值可使用下列语句:

```
A a=new A( );
a. x=15;
```

2. 调用对象成员方法

调用对象成员方法的一般语法形式为:

对象名. 成员方法([参数列表])

例如,类 A 定义如下:

```
class A
{
  int x;
  void put( )
  {
    System. out. println("x="+x);
  }
}
```

实例化类 A 的对象 a,对 a 对象成员变量 x 赋值后,调用该对象的 put( )方法实现输出,可使用语句如下:

```
A a=new A( );
a. x=15;
a. put( );
```

3. 程序实例

以下通过一个实例来说明从一个类的定义、对象的创建到使用对象的过程。

【**例 3.1**】定义类 Point、创建两对象 p1 和 p2,调用成员方法 move 分别显示两对象移动后的新坐标。

```
//filename:Example_0301. java
//定义类 Point,创建两对象 p1 和 p2,调用成员方法 move 分别显示两对象移动后的新坐标
class Point
{
  int x=5,y=8;
  void move(int mx,int my)
  {
    x=mx;
    y=my;
```

```
        System. out. println("移动后新坐标为：x＝"＋x＋"，y＝"＋y);
    }
}
public class Example_0301
{
 public static void main(String args[])
 {
    Point p1＝new Point( );              //创建对象 p1
    System. out. println("对象 p1 原始坐标：x＝"＋p1. x＋"，y＝"＋p1. y);
    //访问 p1 的成员变量 x,y
    p1. move(10,28);
    System. out. println( );
    Point p2＝new Point( );              //创建对象 p2
    System. out. println("对象 p2 原始坐标：x＝"＋p2. x＋"，y＝"＋p2. y);
    //访问 p2 的成员变量 x,y
    p2. move(－15,－18);
 }
}
```

程序运行结果如图 3-3 所示。

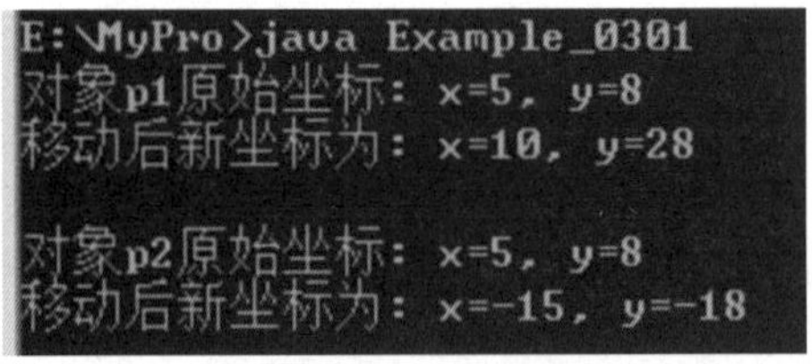

图 3-3　例 3.1 运行结果

3.3.3　释放对象

当一个对象没有用时(如程序执行到对象的作用域之外或把对象的引用赋值为 null)，Java 的垃圾收集器就会销毁对象，并释放对象所分配的内存空间。垃圾收集器是 Java 使用最频繁的一种对象销毁方法，它会全程自动扫描对象的动态内存区，把没有引用的对象作为垃圾收集起来并释放。

由于垃圾收集器自动收集垃圾操作的优先级较低，因此，也可以用其他一些办法来释放对象所占用的内存。例如，使用系统的 System. gc( )；要求垃圾回收，这时，垃圾回收线程将优先得到运行。另外，还可以使用 finalize( )方法将对象从内存中清除掉，同时，finalize( )方法还可以用于完成包括关闭已打开的文件、确保在内存不遗留任何信息等功能。

3.3.4　构造方法初始化对象

对象既可以在创建时进行初始化,也可以在创建后再对其赋值。

通过已定义的类创建一个对象时,要为该对象确定初始状态,这一过程称为对象初始化。实际上对象初始化是在创建对象的同时通过构造方法来完成的。如果没有构造方法,每创建一个对象,都要通过书写程序来初始化该对象的所有成员变量,这是非常枯燥和重复的工作。最为理想的就是在创建对象的同时也完成了所有的初始化工作,为此,Java 在类定义中提供了构造方法。

1.构造方法

构造方法是类中的一种特殊成员方法,主要用于初始化对象。构造方法的一般语法形式为:

[修饰符]类名([参数列表])
{
　方法体;
}

(1)[修饰符]用于声明该构造方法被外部访问的权限,有 public、缺省、protected 和 private 修饰符。

public 修饰符声明任何类都能够创建这个类的实例对象。

缺省修饰符声明只有该类在同一个包中的类可以创建这个类的实例对象。

protected 修饰符声明只有这个类的子类以及与该类在同一个包中的类可以创建这个类的实例对象。

private 修饰符声明没有其他类可以实例化该类,因此这个类中可能包含一个具有 public 权限的方法,只有这些方法可以构造该类的对象并将其返回。

(2)构造方法的方法名必须与类名相同,且无返回值。

(3)[参数列表]为可选项,可根据实际需要进行设置。

需要说明的是:

(1)由于构造方法名是与类名相同的,因此,创建对象语法形式:

对象名＝new　类名([参数列表]);

也应理解为如下形式:

对象名＝new　构造方法名([参数列表]);

(2)构造方法无返回值,但不能在构造方法名前加上 void,若加了 void,则系统无法自动调用该构成方法。

(3)创建对象时,Java 系统会自动调用构造方法为新对象初始化,并且构造方法只能通过 new 运算符调用,用户不能直接调用。

(4)类定义中可以不包含构造方法,如果没有则系统将为该类缺省定义一个空的构造方法,也称缺省构造方法,缺省构造方法既没有参数,其方法体中也没有任何语句。如果用缺省构造方法初始化对象,Java 系统将用默认初始值初始化对象的成员变量。Java 数据类型的默认初始值如表 3-1 所示。

表 3-1 Java 数据类型的默认初始值

类型	默认初始值	类型	默认初始值
字节型 byte	0	单精度型 float	0.0f
短整型 short	0	双精度型 double	0.0
整型 int	0	字符型 char	'\u0000'
长整型 long	0	布尔型 boolean	false
		复合型	null

以下通过两个例子分别说明利用缺省构造方法和显式构造方法初始化对象的区别。

【例 3.2】缺省构造方法初始化对象。

```
//filename：Example_0302.java
//缺省构造方法初始化对象
class Person
{
 float height;
 char sex;
 boolean married;
}
public class Example_0302
{
 public static void main(String args[])
 {
 Person m＝new Person( );                    //使用 new 和缺省构造方法创建对象 m
 System. out. println("m. height＝"＋m. height);    //访问 m 成员变量 height
 System. out. println("m. sex＝"＋m. sex);          //访问 m 成员变量 sex
 System. out. println("m. married＝"＋m. married);  //访问 m 成员变量 married
 }
}
```

程序运行结果如图 3-4 所示。

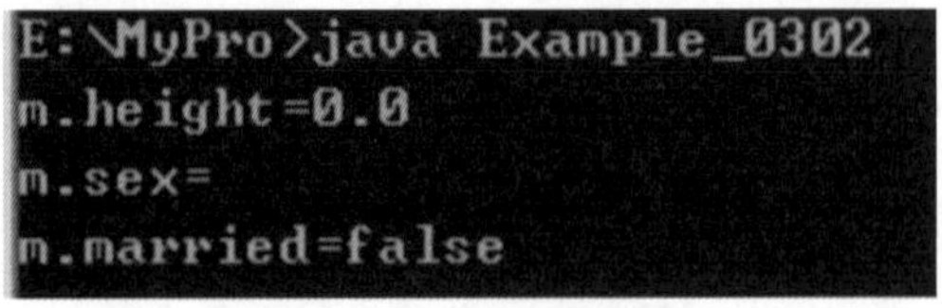

```
E:\MyPro>java Example_0302
m.height=0.0
m.sex=
m.married=false
```

图 3-4 例 3.2 运行结果

【例 3.3】使用带参数的显式构造方法初始化对象。

```
//filename：Example_0303.java
//使用带参数的显式构造方法初始化对象
class Person
{
  float height；
  char sex；
  boolean married；
  Person(float h,char s,boolean m)            //带参数的构造方法
  {
    height＝h；
    sex＝s；
    married＝m；
  }
}
public class Example_0303
{
  public static void main(String args[])
  {
    Person m＝new Person(1.75f,'W', true)；      //使用 new 和带参构造方法创建对象 m
    System. out. println("m. height＝"＋m. height)；        //访问 m 成员变量 height
    System. out. println("m. sex＝"＋m. sex)；          //访问 m 成员变量 sex
    System. out. println("m. married＝"＋m. married)；         //访问 m 成员变量 married
  }
}
```

程序运行结果如图 3-5 所示。

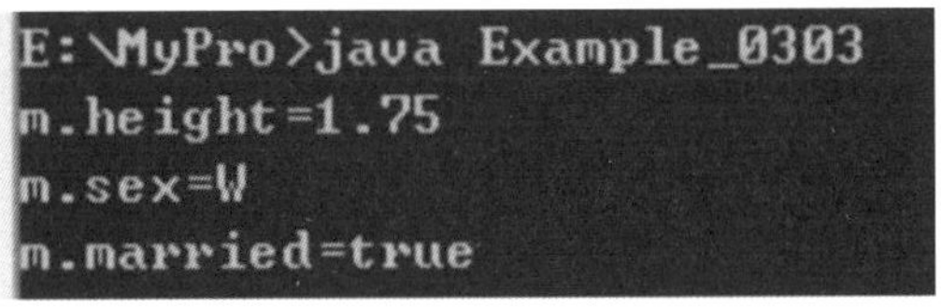

图 3-5　例 3.3 运行结果

2.构造方法的重载

　　类定义中可包含一个或多个构造方法,在使用类的构造方法进行对象初始化时,可以根据构造方法中参数类型或个数不同调用相应的构造方法,实现将同一类的不同对象初始化为各种状态,这种形式也称为构造方法的重载。方法重载将在后续章节具体介绍。

　　【例 3.4】构造方法重载示例。定义一个时间类,分别利用其中的构造方法设置三个对象

的初始时间。

```
//filename：Example_0304.java
//构造方法重载示例，定义一个时间类，分别利用其中构造方法设置三个对象的初始时间
class MyTime
{
  private int hour,minute,second;          //私有成员变量
  MyTime( )                                //无参构造方法
  {
   hour＝0;
   minute＝0;
   second＝0;
  }
  MyTime(int hh,int mm)                    //带两参数构造方法
  {
   hour＝( (hh＞＝0 && hh＜24)? hh:0 );
   minute＝( (mm＞＝0 && mm＜59)? mm:0 );
   second＝0;
  }
  MyTime(int hh,int mm,int ss)             //带三参数构造方法
  {
   hour＝( (hh＞＝0 && hh＜24)? hh:0 );
   minute＝( (mm＞＝0 && mm＜59)? mm:0 );
   second＝( (ss＞＝0 && ss＜59)? ss:0 );
  }
  public void putTime( )                   //显示时间的成员方法
  {
   System. out. println( ( (hour＜10)? ("0"＋hour):hour)＋":"＋
     ( (minute＜10)? ("0"＋minute):minute)＋":"＋
     ( (second＜10)? ("0"＋second):second) );
  }
}
public class Example_0304
{
  public static void main(String args[])
  {
   MyTime t1＝new MyTime( );                //使用无参构造方法创建对象 t1
   System. out. print("t1 对象的初始时间为 ");
```

```
    t1.putTime( );                        //调用对象 t1 成员方法 putTime 显示时间
    MyTime t2＝new MyTime(9,45);           //使用带两参数构造方法创建对象 t2
    System.out.print("t2 对象的初始时间为 ");
    t2.putTime( );                        //调用对象 t2 成员方法 putTime 显示时间
    MyTime t3＝new MyTime(20,35,53);       //使用带三参数构造方法创建对象 t3
    System.out.print("t3 对象的初始时间为 ");
    t3.putTime( );                        //调用对象 t3 成员方法 putTime 显示时间
  }
}
```

程序运行结果如图 3-6 所示。

图 3-6　例 3.4 运行结果

3.4　类的封装

类的封装意义在于设计者将类设计成一个黑匣子,使用者只能使用类中定义的公有成员方法,而无法看清成员方法的实现细节,更谈不上直接对类中的成员变量或数据进行操作,实现了信息隐藏和模块化管理。封装体现在以下三个方面:

(1)类的定义中设置对象的成员变量和成员方法的访问权限。

(2)提供一个统一供其他类引用的方法。

(3)其他对象无法直接修改本对象所拥有的成员变量值或成员方法。

本节主要介绍 Java 语言的访问权限设置和类成员等知识。

3.4.1　访问控制修饰符

一个成员如何被访问,取决于在声明它时的访问控制修饰符。Java 提供一套丰富的访问控制修饰符,通过设置类的访问权限和类中成员的访问权限,来实现封装的特性。

1.类的访问控制修饰符

类的访问控制修饰符有 public 和 private 两种,其中:public 修饰符声明当前类可以在任何另一个类中使用该类创建对象。private 修饰符声明当前类只能被同一个包中的其他类使用,这是 Java 默认可缺省方式。

2. 类中成员的访问控制修饰符

当利用类创建了一个对象后,该对象就可以通过"."运算符访问类分配给自己的成员变量和成员方法,但要访问这些成员变量或成员方法时要受一定的限制。在类体中是通过使用Java 提供的四个访问控制修饰符 public、缺省、protected 和 private 来声明成员变量和成员方法的访问权限。

(1)public 修饰符

用 public 修饰符声明的成员变量和成员方法称为公有变量和公有方法,可以在其他类中被访问。例如,以下定义了 Ma 类:

```
class Ma
{
  public int x;              //成员变量 x 为 int 型公有变量
  public void fun( )         //成员方法 fun( )为公有方法
  {…}
}
```

在另一个类中用 Ma 类创建一个对象后,该对象就可以访问 public 修饰符声明的成员变量和成员方法。例如:

```
class Test
{
  public static void main(String args[])
  {
    Ma a＝new Ma( );         //创建类 Ma 的对象 a
    a. x＝120;               //可以访问对象 a 的成员变量 x
    a. fun( );               //可以访问对象 a 的成员方法 fun( )
  }
}
```

(2)缺省访问控制修饰符

声明成员变量和成员方法时若缺省访问控制修饰符,则称为友好变量和友好方法。例如,以下定义了 Ma 类:

```
class Ma
{
  int x;                     //成员变量 x 为 int 型友好变量
  void fun( )                //成员方法 fun( )为友好方法
  {…}
}
```

在另一个类中用 Ma 类创建一个对象后,如果这个类与 Ma 类在同一个包中,那么该对象就可以访问友好变量和友好方法。例如:

```
class Test
{
```

```
public static void main(String args[])
{
 Ma a=new Ma( );           //创建类 Ma 的对象 a
 a. x=120;          //若 Test 类与 Ma 类在同一包中则可访问成员变量 x,否则非法
 a. fun( );          //若 Test 类与 Ma 类在同一包中则可访问成员方法 fun( ),否则非法
 }
}
```

包的具体概念和使用方法将在后续章节详细介绍。

（3）protected 修饰符

用 protected 修饰符声明的成员变量和成员方法称为被保护的变量和方法,可以被这个类本身、它的子类（包括同一个包中以及不同包中的子类）、同一个包中的所有其他的类访问。

使用 protected 修饰符的主要作用是允许其他包中的它的子类来访问父类的成员变量和成员方法。有关子类与父类的"继承"知识点将在后续章节详细介绍。

（4）private 修饰符

用 private 修饰符声明的成员变量和成员方法称为私有变量和私有方法,只可以被私有变量和私有方法所在的类访问。例如,以下定义了 Ma 类:

```
class Ma
{
 private x;          //成员变量 x 为 int 型私有变量
 private void fun( )     //成员方法 fun( )为私有方法
 {…}
}
```

在另一个类中用 Ma 类创建一个对象后,那么该对象就无法访问私有变量和私有方法。例如:

```
class Test
{
 public static void main(String args[])
 {
 Ma a=new Ma( );          //创建类 Ma 的对象 a
 a. x=120;          //非法,因成员变量 x 为私有变量
 a. fun( );          //非法,因成员方法 fun( )为私有方法
 }
}
```

表 3-2 和表 3-3 分别列出访问控制修饰符的作用范围。

表 3-2　类的访问控制修饰符

修饰符	同一个类	同一个包	不同包的子类	不同包非子类
public	可以实例化	可以实例化	可以实例化	可以实例化
缺省	可以实例化	可以实例化	不可以实例化	不可以实例化

表 3-3　成员变量与成员方法的访问控制修饰符

修饰符	同一个类	同一个包	不同包的子类	不同包非子类
public	可以访问	可以访问	可以访问	可以访问
缺省	可以访问	可以访问	不可以访问	不可以访问
protected	可以访问	可以访问	可以访问	不可以访问
private	可以访问	不可以访问	不可以访问	不可以访问

3.4.2　静态修饰符 static

static 称为静态修饰符。在类定义中,使用 static 修饰符声明的成员变量和成员方法,分别称为静态变量和静态方法,不加 static 修饰符的成员变量和成员方法,则分别称为实例变量(对象变量)和实例方法。实例变量(对象变量)和实例方法是依附于具体的对象实例,它们因具体对象实例的不同而不同,而静态变量和静态方法为该类的所有对象所共享,它们不会因类的对象不同而不同,因此静态变量和静态方法也分别称为类变量和类方法。

静态成员除具有一般成员的性质外,还具有以下几种特点:

(1)定义类时 Java 系统即为静态成员分配内存空间。非静态成员只有通过类定义对象时,Java 系统才为该对象的成员变量分配内存空间,这些成员及所占用的内存空间都属于该对象,且只能通过该对象才能访问其中的成员;若再定义另一个对象,Java 系统又为其成员分配内存空间,不同的对象其非静态成员是相互独立的。

(2)一个类的多个对象共享其静态成员。通过类定义对象时,Java 系统不再为其静态成员分配内存空间,而是与类共享其静态成员的,所以当通过类定义多个对象时,每个对象对其静态成员的改变都会影响到其他对象的。

(3)类的静态成员既可以通过类名直接访问,也可以通过对象访问。非静态成员只有通过类定义了对象后通过对象访问,而静态成员不论是否已定义对象,都可以通过类名直接访问。通过类名访问其静态成员时,在静态成员前加类名和“.”运算符。

(4)静态方法(类方法)不能访问对象实例的成员变量,只能访问类变量。静态方法(类方法)不能被重载和重写,静态变量(类变量)不能被隐藏。main( )方法必须声明为静态方法。

以下通过例子说明静态成员的定义与访问。

```
class A
{
 int x=3;
 static y=5;              //静态变量 y
 void put_x( )
 {
  System. out. println("x="+x);
 }
 static void put_y( )          //静态方法 put_y( )
```

```
    {
      System. out. println("y="+y);
    }
  }
  class Test
  {
   public static void main(String args[])
    {
      A. put_y( );            //使用类名直接访问静态方法 put_y( ),结果显示：y=5
      A. y+=6;                //使用类名直接访问静态变量 y,使 y 值为 11
      A. x-=2;                //企图使用类名直接访问非静态变量 x,非法
      A a1=new A( );          //创建对象 a1
      a1. put_x( );           //调用 a1 对象非静态方法 put_x( ),结果显示：x=3
      a1. put_y( );           //调用 a1 对象静态方法 put_y( ),结果显示：y=11
      A a2=new A( );          //创建对象 a2
      a2. x=10;               //a2 对象成员变量 x 赋值 10,不影响 a1 对象成员变量 x 值
      a2. y=20;               //通过对象名访问静态变量 y 并赋值 20
      a2. put_x( );           //调用 a2 对象非静态方法 put_x( ),结果显示：x=10
      a2. put_y( );           //调用 a2 对象静态方法 put_y( ),结果显示：y=20
      a1. put_x( );           //调用 a1 对象非静态方法 put_x( ),结果显示：x=3,与 a2
                                 对象 x 值不一样
      a1. put_y( );           //调用 a1 对象静态方法 put_y( ),结果显示：y=20
    }
  }
```

3.5 继承与多态

  继承性是面向对象程序设计的三大重要特性之一,主要体现在程序中两个类之间的一种关系,也就是一个类可以从另一个类继承其属性和方法。被继承的类称为父类或超类,继承父类的类称为子类。比如现实生活中,货车类、客车类和轿车类属于汽车这一大类,在面向对象技术中,货车类、客车类和轿车类就是汽车类的子类,汽车类则是货车类、客车类和轿车类的父类。

  利用继承可以先建立一个基本类,并根据实际问题需要派生出不同层次的子类,这些子类是在继承父类功能的基础上,增加新的成员变量和成员方法,实现新的功能。Java 规定,一个父类可以同时拥有多个子类,但一个子类只能有一个父类,即单重继承,同时也允许多层继承,即子类还可以拥有自己的子类,在下一层继承关系中原先的子类就变成了其子类的父类。

Java的这种继承关系为开发大型系统的组织和构造提供了一个强大而自然的机理。

本节主要介绍 Java 语言类的继承以及类中成员的多态性等知识。

3.5.1　子类的定义

Java 中,类的继承是用 extends 关键字来实现的,定义子类继承父类的一般语法形式为:

[类修饰符]class　子类　extends　父类　　　　　//类首部

{

　子类成员变量定义;　　　　　　//表明类的属性

　子类成员方法定义;　　　　　　//描述类的行为

}

子类定义除与类定义相似之外,还需要说明的是:

(1)子类继承父类时,只能继承父类中声明访问控制修饰符为 public、缺省和 protected 的成员变量和成员方法,而不能继承父类中声明访问控制修饰符为 private 的成员变量和成员方法。若子类要访问父类的私有变量,只能通过继承过来的非私有成员方法访问。

(2)在类的派生过程中,子类只能无条件地继承父类的默认构造方法(无参数)。

【例 3.5】类的继承实现。

```
//filename：Example_0305.java
//类的继承实现
class A                  //定义父类 A
{
 private int x1＝3;       //私有成员变量 x1
 int x2＝5,x3＝7;         //成员变量 x2,x3
 int put_x1( )           //调用成员方法返回私有成员变量 x1 值
 {
   return x1;
 }
}
class B extends A        //定义子类 B 继承自父类 A
{
 int y1＝16,y2＝18;       //子类中新增两成员变量 y1 和 y2
}
public class Example_0305
{
 public static void main(String args[])
 {
   A x＝new A( );
```

```
    B y=new B( );
    System. out. println("父类 A 对象 x 的成员变量 ");
    System. out. println("x2="+x. x2+"，x3 ="+x. x3+"，以及私有变量 x1="+x.
put_x1( ) );
    System. out. println("子类 B 对象 y 的成员变量 ");
    System. out. println("x2="+y. x2+"，x3 ="+y. x3+"，y1 ="+y. y1+"，y2="
+y. y2);
    System. out. println("父类 A 私有变量 x1="+y. put_x1( ) );
        //子类 B 对象 y 调用继承的成员方法得到父类私有变量 x1
    }
}
```

程序运行结果如图 3-7 所示。

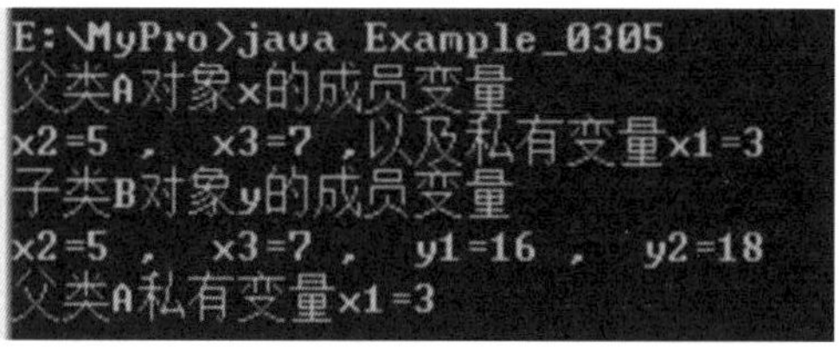

图 3-7　例 3.5 运行结果

3.5.2　成员变量的隐藏

在类的继承中,如果子类声明一个与父类成员变量同名的成员变量,则父类中的成员变量不能被继承。此时称子类的成员变量隐藏了父类的成员变量。当子类执行自己所定义的成员方法时,它所操作的只能是它自己定义的成员变量,而隐藏了继承自父类的同名成员变量。而子类执行继承自父类的成员方法操作时,处理的是继承自父类的成员变量。父类的成员变量被隐藏起来,父类的非私有成员变量在子类的对象中仍然存在,若子类中需要引用父类成员变量时,应使用 super 关键字,形式为:super. 成员变量。

【例 3.6】成员变量的隐藏示例。

```
//filename：Example_0306. java
//成员变量的隐藏示例
class A                    //定义父类 A
{
 int x1=5,x2=6;          //成员变量 x1,x2
}
class B extends A          //定义子类 B 继承自父类 A
{
```

```
    int x1=15,x2=16;                //子类成员变量 x1 和 x2,隐藏父类成员变量
    void put_B( )
    {
      System. out. println("x1="+x1+" , x2="+x2);
    }
    void put_A( )
    {
      System. out. println("x1="+super. x1+" , x2="+super. x2);
                                    //引用父类成员变量
    }
  }
public class Example_0306
{
  public static void main(String args[])
  {
    B y=new B( );
    System. out. println("子类 B 对象 y 的成员变量 ");
    y. put_B( );
    System. out. println("被隐藏的父类 A 的成员变量 ");
    y. put_A( );
  }
}
```

程序运行结果如图 3-8 所示。

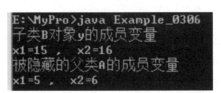

图 3-8　例 3.6 运行结果

3.5.3　成员方法的重写与重载

1.成员方法的重写

对于成员方法,在类的继承中,如果子类中重新定义了一个与父类的成员方法同名、但实现功能不同的成员方法时,则父类的成员方法不能被继承,父类的成员方法被子类的成员方法覆盖,即重写了父类的成员方法。子类中重写的成员方法和父类中被重写的成员方法具有相

同的名字、相同的参数表和相同的返回类型,只是方法体不同。若子类中需要引用父类的成员方法时,应使用 super 关键字,形式为:super. 成员方法。

【例 3.7】成员方法的重写示例。

```
//filename：Example_0307.java
//成员方法的重写示例
class A                     //定义父类 A
{
  int x1=5,x2=6;           //成员变量 x1,x2
  void put_F( )            //成员方法 put_F( )
  {
    System. out. println("父类 A 的成员变量 ");
  }
}
class B extends A           //定义子类 B 继承自父类 A
{
  int y1=15,y2=16;         //子类 B 成员变量 y1 和 y2
  void put_F( )            //重写成员方法 put_F( )
  {
    System. out. println("子类 B 的成员变量 ");
  }
  void put_FF( )
  {
    super. put_F( );             //引用父类 A 的成员方法 put_F( )
    System. out. println("x1="+x1+" , x2="+x2);
    put_F( );                    //访问子类 B 的成员方法 put_F( )
    System. out. println("y1="+y1+" , y2="+y2);
  }
}
public class Example_0307
{
  public static void main(String args[])
  {
    B y=new B( );
    y. put_FF( );
  }
}
```

程序运行结果如图 3-9 所示。

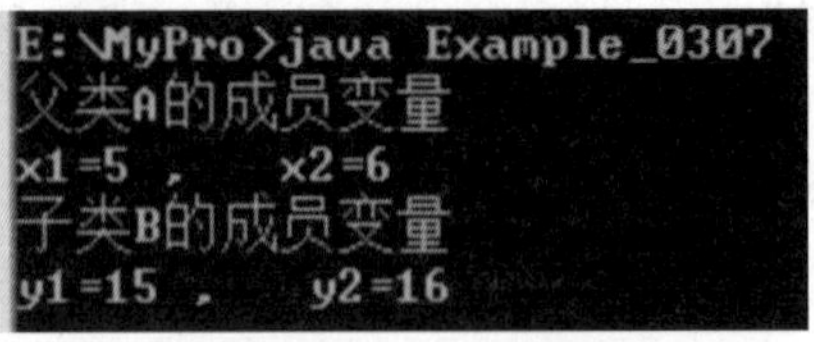

图 3-9   例 3.7 运行结果

2. 成员方法的重载

所谓成员方法的重载,是指在同一类中,定义了两个以上同名的成员方法,这些方法有相同的成员方法名,但它们的参数形式必须不同(如参数表中参数的数量、类型或次序不同)。调用时编译器通过检查调用语句中的参数来区分具体调用哪个重载的成员方法。

与成员方法的重写不同的是:重载不是子类对父类中同名成员方法的重新定义,而是类对自己已有成员方法的同名重新定义。

在例 3.4 中,类 MyTime 定义了三个同名的构造方法,它们分别是:

(1)MyTime( )   //无参构造方法

(2)MyTime(int hh,int mm)   //带两参数构造方法

(3)MyTime(int hh,int mm,int ss)   //带三参数构造方法

需要说明的是:构造方法和其他成员方法一样,也是可以被重载的。另外,成员方法的返回值类型不是重载的特征之一,即重载的成员方法可以有不同的返回值类型,但必须有不同的参数形式,否则将产生语法错误。

3.5.4   子类的构造方法

在使用子类创建对象时,不仅要对自己成员变量初始化,还要对继承自父类的成员变量初始化。而对象的初始化是通过调用构造方法来实现的,但在类的继承中,子类构造方法的继承和调用需要遵循以下规则。

(1)子类无条件地继承父类的默认构造方法(无参数)。

(2)如果子类自己没有构造方法,则它将继承父类的默认构造方法作为自己的构造方法,即该构造方法体隐含存在第一条语句 super( );。

(3)如果子类自己定义了构造方法,则在创建对象时,它将先执行继承父类的默认构造方法,然后再执行自己的构造方法。

(4)对于父类含参数的构造方法,子类可以在自己定义的构造方法中第一条语句,使用 super(参数列表);语句调用。

(5)在子类自己定义的构造方法中第一条语句,也可以使用 this(参数列表);语句调用本类的其他构造方法。

(6)调用 super( )或 this( )的构造方法的语句必须放在第一条,且 super( )和 this( )最多只可调用其中的一条。

【例 3.8】子类构造方法的示例。

```
//filename：Example_0308.java
//子类构造方法的示例
class ClassA                        //父类 ClassA
{
  int x;
  ClassA( )                         //默认构造方法
  {
    x＝2;
  }
  ClassA(int x)                     //带参构造方法
  {
    this.x＝x;
  }
}
class ClassB extends ClassA         //子类 ClassB 继承自父类 ClassA
{
  int y;
  ClassB( )                         //默认构造方法
  {
    y＝4;                           //隐含第 1 条 super( );语句调用父类默认构造方法
  }
  ClassB(int y)                     //带一参数构造方法
  {
    super( );                       //调用父类默认构造方法
    this.y＝y;
  }
  ClassB(int t,int y)               //带两参数构造方法
  {
    super(t);                       //调用父类带参构造方法
    this.y＝y;
  }
}
public class Example_0308
{
  public static void main(String args[])
  {
```

```
ClassB b1＝new ClassB( );
ClassB b2＝new ClassB(5);                //初始化时调用带一参数构造方法
ClassB b3＝new ClassB(7,9);              //初始化时调用带两参数构造方法
System. out. println("对象 b1 的成员变量 x＝"＋b1. x＋" , y＝"＋b1. y);
System. out. println("对象 b2 的成员变量 x＝"＋b2. x＋" , y＝"＋b2. y);
System. out. println("对象 b3 的成员变量 x＝"＋b3. x＋" , y＝"＋b3. y);
    }
}
```

程序运行结果如图 3-10 所示。

图 3-10　例 3.8 运行结果

3.5.5　最终类与抽象类

1. 最终类

使用 final 关键字修饰的类称为最终类,当然 final 关键字也可以修饰成员变量或成员方法,相应的称为最终变量和最终方法。

如果一个类被声明为 final,即意味着它不能再派生出新的子类,不能作为父类被继承。如果一个成员方法被修饰为 final,则该成员方法不能被重写。如果一个成员变量被修饰为 final,必须在定义的同时进行初始化,以后不允许再赋新值,即最终变量就是常量。

对于修饰类、成员变量或成员方法,final 关键字的作用都是增强代码的安全性。最终类不能被继承,也就不能重载或重写它的任何成员方法,如果允许一个类被继承,其允许被重载或重写的成员方法可能会被改写。最终类可有效防止病毒侵入,因为病毒破坏数据的途径通常是由一些处理关键信息的类派生出子类,再用子类替代原来的类从而使数据被改变。同样,最终变量和最终方法的目的也是防止其内容再被修改。

最终类通常是有一定固定作用、用于完成某种特定功能的类,从而保证引用这样的类时所实现功能的稳定性和正确性。Java 中根据特定功能的需要,也定义了具有专用功能的最终类,如 String 类、System 类和 Socket 类等。

以下通过例子说明最终类在计算圆面积的具体应用。

【例 3.9】最终类应用示例。

```
//filename：Example_0309.java
//最终类应用示例
final class A                        //最终类 A
```

```
{
  final double PI＝3.1415926;
  final double area(double r)
  {
    return(PI * r * r);
  }
}
public class Example_0309
{
  public static void main(String args[])
  {
    A a1＝new A( );
    A a2＝new A( );
    System.out.println("a1 圆(r＝2.5)的面积＝"＋a1.area(2.5));
    System.out.println("a2 圆(r＝6.3)的面积＝"＋a2.area(6.3));
  }
}
```

程序运行结果如图 3-11 所示。

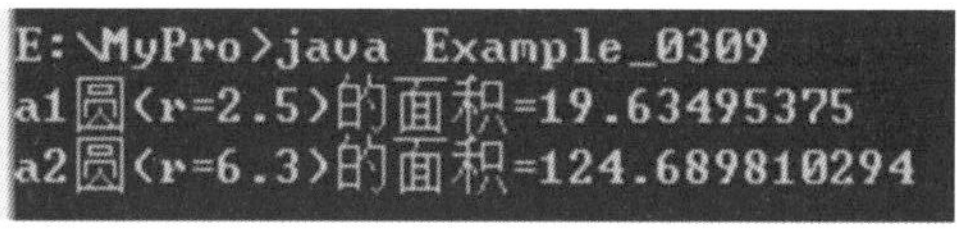

```
E:\MyPro>java Example_0309
a1圆<r=2.5>的面积=19.63495375
a2圆<r=6.3>的面积=124.689810294
```

图 3-11　例 3.9 运行结果

2.抽象类

使用 abstract 关键字修饰的类称为抽象类,使用 abstract 关键字修饰的成员方法,则称为抽象方法。但不能用 abstract 关键字修饰构造方法、静态方法和私有方法。

如果一个类被声明为 abstract,即意味着不能通过抽象类来实例化对象,只能派生出新的子类。抽象类中一般至少应包含一个抽象方法,包含抽象方法的类必须声明为抽象类。而对于用 abstract 关键字修饰的抽象方法,是没有具体实现细节的成员方法(只有声明部分,没有方法体),且只能作为父类被继承。如果一个成员方法被修饰为 final,则该成员方法不能被重写。

abstract 和 final 正好相反,抽象类必须被继承,抽象方法必须被重写。对于使用抽象类需要说明的是:

(1)抽象类不能创建对象,必须通过子类继承后,由子类来创建对象。

(2)抽象类中,可以没有抽象方法,也可以包含一个或多个抽象方法。

(3)若一个类中包含有抽象方法,则该类必须声明为抽象类。

(4)一个类不能同时被声明为 abstract 和 final。

抽象类是 Java 支持多态性的一种重要机制,在很多实际应用中,类层次的顶层类并不具备下层子类的一些功能实现,而将这些方法声明为抽象方法。面向对象程序是通过类的分层结构构建起来,越是处于继承结构顶层的类,就越概括越抽象,通过抽象类可以创建一组行为性质确定但具体实现不确定的基类,这些基类为它的派生类提供一个实现框架,本身却不能提供具体的实现,而是由它的派生类来具体实现这些可能的行为。因此,Java 中抽象类和抽象方法的引入,使得程序概念层次分明,开发简洁高效。

以下通过例子说明抽象类和抽象方法在计算矩形类、三角形类和圆形类面积的具体应用。

【例 3.10】抽象类和抽象方法应用示例。

```java
//filename：Example_0310.java
//抽象类和抽象方法应用示例
abstract class Shape              //定义描述形状的抽象类 Shape
{
  double x＝0,y＝0；
  abstract void getArea( )；
}
class Rectangle extends Shape     //矩形类 Rectangle 继承自 Shape 类
{
  Rectangle(double l,double w)
  {
    x＝l；                      //矩形长
    y＝w；                      //矩形宽
  }
  public void getArea( )
  {
    double area；
    area＝x * y；
    System. out. println("矩形长＝"＋x＋"，宽＝"＋y＋"，面积＝"＋area)；
  }
}
class Trigle extends Shape        //三角形类 Trigle 继承自 Shape 类
{
  Trigle(double b,double h)
  {
    x＝b；                      //三角形底长
    y＝h；                      //三角形高
  }
  public void getArea( )
```

```
  {
    double area;
    area=0.5 * x * y;
    System. out. println("三角形底长="+x+"，高="+y+"，面积="+area);
  }
}
class Circle extends Shape              //圆形类 Circle 继承自 Shape 类
{
  final double PI=3.1415926;
  Circle(double r)
  {
    x=r;                               //圆形半径
  }
  public void getArea( )
  {
    double area;
    area=PI * x * x;
    System. out. println("圆形半径="+x+"，面积="+area);
  }
}
public class Example_0310
{
  public static void main(String args[])
  {
    Rectangle rt=new Rectangle(12.3,7.5);
    rt. getArea( );
    Trigle tg=new Trigle(15.2,8.8);
    tg. getArea( );
    Circle cr=new Circle(6.8);
    cr. getArea( );
  }
}
```

程序运行结果如图 3-12 所示。

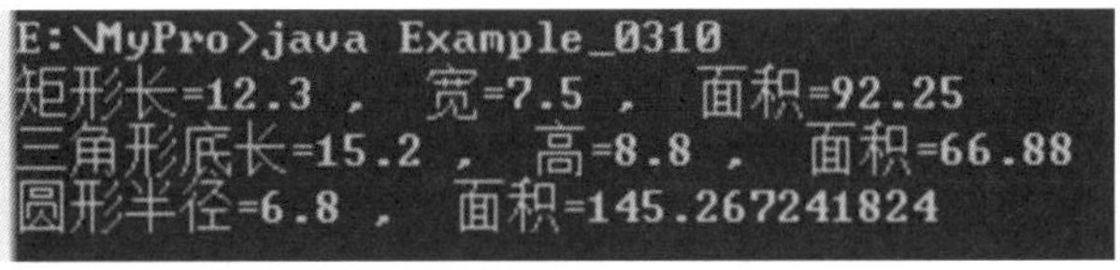

```
E:\MyPro>java Example_0310
矩形长=12.3 ， 宽=7.5 ， 面积=92.25
三角形底长=15.2 ， 高=8.8 ， 面积=66.88
圆形半径=6.8 ， 面积=145.267241824
```

图 3-12　例 3.10 运行结果

3.5.6　多态性

多态是面向对象程序设计的三个重要特征之一,是指在一个程序中相同的名字可以表示不同的实现。Java 的多态性主要表现在以下三个方面:

(1)成员方法的重载,是指可以在一个类中定义多个名字相同而方法体中实现不同的成员方法,是一种静态多态性,也称为编译时的多态。如例 3.4 和例 3.8 的构造方法重载。

(2)成员方法的重写,是指在类的继承中,子类可以隐藏与父类中的同名成员方法,是一种动态多态性,也称运行时的多态。如例 3.7 的成员方法重写。

(3)成员变量的隐藏,是指在类的继承中,子类可以隐藏与父类中的同名成员变量。如例 3.6 的成员变量隐藏。

多态性从静态与动态的角度分为编译时多态(静态多态)和运行时多态(动态多态)。编译时多态是指在编译阶段,编译器根据实参的不同来静态确定具体调用相应的方法,如 Java 中的成员方法重载。运行时多态是指在运行时,系统根据对象状态不同来调用其相应的成员方法,如 Java 中的成员方法重写。

在面向对象程序设计中,Java 的多态性引入,可以有效地扩展了程序的功能,简化了对程序的理解,使程序更加简洁。

3.6　接口与包

在面向对象的概念中,所有对象都是通过类来描述的,但并不是所有的类都用于描述对象的。实际上,还会将一系列看上去不同,但本质相同的具体对象进行抽象并定义成一种类。这种类虽然不包含足够的信息来描述一个具体的对象,但是却可以将这类对象的本质加以归纳,从而制定出一种协议,便于这类对象的管理,那么这个过程就称为类的抽象。

Java 语言对类的抽象提供了两种机制:抽象类和接口。抽象类在前面的章节中已经作了介绍,本节将主要介绍接口。

接口定义了一种完全抽象的、根本不提供任何实现的类。接口中所有的方法都是抽象方法。因此,也有人将接口称为特殊的抽象类。

3.6.1　接口的定义

接口定义的语法形式为:

［访问控制符］　interface　接口名称［extends　父类名］

｛

　　类型名　　变量名＝变量值;

　　返回值类型　方法名([参数列表]);

```
    ...
  }
```

需要说明的是：访问控制符可以是 public，也可以缺省不写。如果采用的是缺省，那表示接口仅对它所在的包的其他成员可见，否则将可以被所有代码使用，并且一旦接口被声明为 public，则接口中所有的变量和方法均为 public。由于接口中所有的方法都是抽象方法，因此不必再使用 abstract 来修饰，此外，接口的变量默认是 final 和 static 的，也就是全局静态变量。

以下定义一个接口的例子，所有的图形都有求周长和求面积的方法，但每种图形求周长、求面积的具体方法是不同的，比如：长方形的周长 c＝(长＋宽)＊2，面积 s＝长＊宽，而圆的周长是 c＝2＊pi＊半径，面积 s＝pi＊半径＊半径。那么可以定义一个 Shape 的接口，具体如下：

【例 3.11】接口的定义。

```
//filename：Example_0311.java
//接口的定义
interface Shape
{
  double getArea();          //实现求图形面积
  double getPerimeter();     //实现求图形周长
  void printInfo();          //实现将相关信息输出
}
```

在 Shapes 接口中声明了三个方法 getArea()、getPerimeter()、printInfo()，分别用实现求面积、求周长和信息输出。但是每个方法都没有具体实现，都是一个抽象方法。

在 Java 中，设计接口的目的不仅是对问题进行高度的抽象，而且还可以指定它的实现类"必须做什么"。正由于在接口中没有对如何实现做出具体定义，因此接口和内存无关，这一点很重要，也正因为如此，任何类都可以实现接口，而且还可以实现任意数目的接口。这种特性可以让类不必受限于单一继承的关系，可以通过实现多个接口来达到多重继承的目的。

3.6.2　接口的实现

由于接口中的方法都是抽象方法，因此是不能通过实例化对象的方式来调用接口中的方法，此时需要定义一个类，并使用 implements 关键字实现接口中的所有方法。

实现一个或多个接口，通常采用的语法形式为：

```
class  类名[extends  父类名]  implements  接口名 1[接口名 2…]
{
  ……              //class body
}
```

在 class body 中，要将接口的所有方法都进行实现，同时也可以增加新的方法实现。针对前面定义的接口 Shape，来定义 Circle 类、Rectange 类和一个主类 Example_0312，注意在类中要实现接口中的所有方法。

【例 3. 12】接口的实现示例。

```java
//filename：Example_0312.java
//接口的实现示例
class Circle implements Shape
{
    double PI=3.1415926;                        //圆周率
    double radius;                              //半径
    public Circle(double radius)                //定义圆的构造方法
    {
        this.radius=radius;
    }
    public double getArea()                     //实现圆的面积计算
    {
        return PI * radius * radius;
    }
    public double getPerimeter()                //实现圆的周长计算
    {
        return 2 * PI * radius;
    }
    public void printInfo()                     //实现圆的信息输出
    {
        System.out.println("圆的面积为:"+getArea()+",周长为:"+getPerimeter());
    }
}
//filename：Rectange.java
class Rectange implements Shape
{
    private double rlong,rwidth;
    public Rectange(double rlong, double rwidth)    //定义长方形的构造方法
    {
        this.rlong = rlong;
        this.rwidth = rwidth;
    }
    public double getArea()                     //实现长方形的面积计算
    {
        return rlong * rwidth;
    }
}
```

```java
public double getPerimeter()                    //实现长方形的周长计算
{
  return 2 * (rlong+rwidth);
}
public void printInfo()                         //实现长方形的信息输出
{
  System. out. println("长方形的面积为:"+getArea()+" ,周长为:"+getPerimeter());
}
}
//Filename：Example_0312. java
//定义一个主类 Example_0312,将 Cirlce 类和 Rectange 类进行实例化。
public class Example_0312
{
 public static void main(String[] args)
 {
  Circle c＝new Circle(5);
  Rectange r＝new Rectange(4,5);
  c. printInfo();
  r. printInfo();
 }
}
```

结果输出：

圆的面积为:78.539815 ,周长为:31.415926

长方形的面积为:20.0 ,周长为:18.0

需要说明的是:(1)通过 implements 关键字来实现接口;(2)如果要实现某个接口就要实现这个接口的全部方法;(3)一个类可以实现多个接口。

3.6.3　包的创建与应用

在实际开发项目中,往往一个项目会有很多个类构成,当类的数量达到一定规模时,很容易造成命名冲突,为了解决这个问题,参考操作系统中对文件采取的目录树的管理工作方式,Java 同样也采用了这种管理思想,只是在这里将目录称为包,子目录称为子包。

包是 Java 中特有的概念,是一些提供访问保护和命名空间管理的相关类与接口的集合。使用包的目的就是通过包的分层管理机制使得类和接口很容易被查找使用,同时还可以防止命名冲突,并对访问不同包中的类和接口进行有效的权限控制。

在声明包时,使用 package 语句,包语句的语法形式为:

package pkg1[. pkg2][. pkg3]…;

比如：package cn. itcast；

需要说明的是：如果程序中有 package 语句，则必须是源文件中的第一条可执行语句，它的前面只能有注释或空行。另外，一个文件中最多能有一条 package 语句。

包的名字有层次关系，各层之间以点分隔。包层次必须与 Java 开发系统的文件系统结构相同，通常包名全部用小写字母。

以下通过一个实例来演示包的整个创建和使用过程。

【例 3. 13】包的创建和使用过程。

```java
//filename：Vector. java
package mypackage;              //包语句必须是文件里第一行可执行语句
public class Vector
{
  public Vector()
  {
    System. out. println("mypackage. Vector");
  }
}
//filename：list. java
package mypackage;
public class List
{
  public List()
  {
    System. out. println("mypackage. List");
  }
}
//filename：Example_0313. java
import mypackage. * ;
public class Example_0313
{
  public static void main(String[] args)
  {
    Vector v＝new Vector();
    List l＝new List();
  }
}
```

程序运行结果：

mypackage. Vector

mypackage. List

在程序 PackageTest.java 中,使用了 import mypackage. * 语句,意思是将 mypackage 中类全部导入,这样 PackageTest 类中就可以直接使用包 mypackage 中定义的类。如果只需要单独导入某个类或某几个类,可采用:

import mypackage. Vector;

import mypackage. List;

包机制的引入不但解决了命名冲突的问题,还增加了访问控制的能力。对类的成员来说,一旦声明为 public,就可以被任何地方的任何代码访问,这种成员不受包的限制;而被声明为 private 的成员则只能被该类容器之内的代码访问;如果成员没有包含一个明确的访问说明,那么它对于所在包的其他代码,包括子类代码都是可见的,这也是 Java 默认的访问范围。

需要说明的是:(1)包语句必须是源文件中的第一条可执行语句,一个文件中只允许定义一条包语句;(2)如果要调用包中的类,通过 import 关键字导入对应的包,“ * ”号代表导入包中所有类,也可以单独导入某个类;(3)包的引入不但解决了命名冲突的问题,同时也增加了类成员的访问控制能力。

3.7　常用类

在程序设计中,有些功能在编程中会经常要用到,为了编程方便,Java 提供了一些常用类。本小节主要给大家介绍一些常用的类,主要包括 Math 类、Random 类、Arrays 类、Date 类、Calendar 类与 SimpleDateFormat 类。

3.7.1　Math 类

Math 类包含用于执行基本数学运算的常用方法,如初等指数、对数、平方根和三角函数等。Math 类位于 java. lang 包中,由于 java. lang 包中默认导入的类库,所以在使用 Math 类时,不需要导入 java. lang 类库。Math 类中有两个静态常量 PI 和 E,其中 PI 指的是圆周率,而 E 指的是 e 常量。

表 3-4 列出了 Math 类的常用方法,具体参阅 API 文档。

表 3-4　**Math 类的常用方法**

方法声明	功能描述
public static int abs(int a)	返回整数 a 的绝对值
public static double cos(double a)	返回角的三角余弦,参数 a 以弧度表示的角
public static double sin(double a)	返回角的三角正弦,参数 a 以弧度表示的角
public static double ceil(double a)	返回不小于 a 的最小整数值
public static double floor(double a)	返回不大于 a 的最小整数值
public static long round(double a)	返回 a 的四舍五入值
public static double random()	返回一个大于等于 0.0 小于 1.0 的随机值
public static int max(int a, int b)	返回 a、b 的最大值
public static int min(int a, int b)	返回 a、b 的最小值

接下来通过一个实例来演示 Math 类的应用。

【例 3.14】Math 类的应用。

//filename：Example_0314.java

//Math 类的应用

```java
public class Example_0314
{
  public static void main(String[] args)
  {
    System.out.println("输出圆周率:"+Math.PI);
    System.out.println("输出 e 常量:"+Math.E);
    System.out.println("计算绝对值的结果: " + Math.abs(10.5));
    System.out.println("求大于参数的最小整数: " + Math.ceil(10.5));
    System.out.println("求小于参数的最大整数: " + Math.floor(10.5));
    System.out.println("对小数进行四舍五入后的结果: " + Math.round(10.5));
    System.out.println("求两个数的较大值: " + Math.max(4, 6));
    System.out.println("求两个数的较小值: " + Math.min(4, 6));
    System.out.println("生成一个大于等于 0.0 小于 1.0 随机值: " + Math.random());
  }
}
```

程序运行结果：

输出圆周率:3.141592653589793

输出 e 常量:2.718281828459045

计算绝对值的结果：10.5

求大于参数的最小整数：11.0

求小于参数的最大整数：10.0

对小数进行四舍五入后的结果：11

求两个数的较大值：6

求两个数的较小值：4

生成一个大于等于 0.0 小于 1.0 随机值：0.8585893692577431

需要说明的是：(1)Math 类没有构造函数，不能实例化；(2)Math 类的方法都是静态的，所以在使用时直接用 Math 加"."调用，如 Math.abs( )；(3)Math 类包含非常多的数学方法，具体需要查阅 API 文档。

3.7.2　Random 类

在程序编程中，经常会用到随机数，如何产生一个随机数呢？ 在 java.util 包中，有一个专门的 Random 类，它可以在指定的取值范围内随机产生数字。Random 类中实现的随机算法是伪随机,也就是有规则的随机。在进行随机时,随机算法的起源数字称为种子数(seed),在种子数的基础上进行一定的变换,从而产生需要的随机数字。相同种子数的 Random 对象,相同次数生成的随机数字是完全相同的。也就是说,两个种子数相同的 Random 对象,第一次生成的随机数字完全相同,第二次生成的随机数字也完全相同,这点在生成多个随机数字时需要特别注意。

Random 类包含两个构造方法:

(1)public Random()

该构造方法使用一个和当前系统时间对应的相对时间有关的数字作为种子数,然后使用这个种子数构造 Random 对象。

(2)public Random(long seed)

该构造方法可以通过制定一个种子数进行创建。

表 3-5 列出了 Random 类中的常用方法。

表 3-5　Random 类的常用方法

方法声明	功能描述
public boolean nextBoolean()	生成一个随机的 boolean 值
public double nextDouble()	生成一个随机的 double 值,数值介于[0,1.0)之间
public int nextInt()	生成一个随机的 int 值
public int nextInt(int n)	生成一个随机的 int 值,该值介于[0,n)的区间
public void setSeed(long seed)	重新设置 Random 对象中的种子数

以下通过一个实例来演示 Random 类的使用。

【例 3.15】编写程序实现随机产生 10 个 0～100 之间的随机整数。

```
//filename：Example_0315.java
//实现随机产生 10 个 0～100 之间的随机整数
import java.util.Random;
public class Example_0315
{
 public static void main(String[] args)
 {
  Random r＝new Random();
  for(int i＝0;i＜10;i＋＋)
    System.out.print(r.nextInt(100)＋" ");
 }
}
```

程序运行结果输出:

90　11　17　37　36　81　24　88　52　94

需要说明的是:(1)Random 创建时采用的是第一种构造方法,也就是以当前系统时间对应的相对时间有关的数字作为种子数,那么每次在运行时,由于系统时间是变动的,所以每次运行结果都不一样;(2)如果要产生在某个区域范围内的随机整数,比如:产生 a～b 之间的随机整数,就可以采用 a＋r.nextInt(b－a)方法进行处理。以下通过一个实例来演示 Random 类的使用。

【例 3.16】编写程序实现随机产生 10 个 20～50 随机整数。

```java
//filename：Example_0316.java
//实现随机产生 10 个 20～50 随机整数
import java.util.Random；
public class Example_0316
{
  public static void main(String[] args)
  {
    Random r＝new Random();
    for(int i＝0;i<10;i＋＋)
      System.out.print(20＋r.nextInt(30)＋" ");
  }
}
```

程序运行结果:

20 35 39 24 43 34 38 30 49 37

3.7.3 Arrays 类

在编程中经常需要对数组进行操作,在 java.util 包中,有一个专门用于操作数组的工具类 Arrays 类。在 Arrays 工具类中提供了大量的静态方法,实现数组的操作。以下主要针对sort 方法、binarySearch 方法、copyOfRange 方法、fill 方法作介绍。

1. sort(int[] a)方法

功能实现对整数数组 a 进行升序排序,该排序算法是一个经过调优的快速排序法。这是一个静态方法,要使用时,直接通过 Arrays 类进行引用调用。以下通过一个实例来演示 sort方法的应用。

【例 3.17】利用 Arrays 类调用 sort 方法实现对数组排序。

```java
//filename：Example_0317.java
//利用 Arrays 类调用 sort 方法实现对数组排序
import java.util.Arrays；
public class Example_0317
{
  public static void main(String[] args)
  {
```

```
    int [] a={25,6,45,7,12,56,52};
    System. out. println("排序前的数组:");
    printArray(a);
    Arrays. sort(a);
    System. out. println("排序后的数组:");
    printArray(a);
   }
  public static void printArray(int a[])              //数组打印
  {
   for(int i=0;i<a. length;i++)
     System. out. print(a[i]+" ");
   System. out. println();                            //实现换行
  }
 }
```

程序结果:

排序前的数组:

25　6　45　7　12　56　52

排序后的数组:

6　7　12　25　45　52　56

需要说明的是:(1)这是一个静态方法,所以在调用时采用 Arrays. sort(a)实现对数组 a 进行排序;(2)经过 sort 排序后的数组是从小到大排列。

2. binarySearch(int a[],int key)方法

数组的查找功能在程序开发中会经常用到,在 Arrays 类中提供一个 binarySearch(int a[],int key)方法用于实现在数组 a 中对元素 key 的查找。如果元素 key 找到,则返回元素 key 所在数组中的位置,如果没有找到,则返回−1。该方法采用的是二分法查找,所以首先要确保数组 a 是已经排序后的数组。所谓的二分法查找是指每次将指定元素和数组中间位置的元素进行比较,从而排除掉其中的另一半,这样的查找效率是非常高的。以下通过一个实例来演示 binarySearch 方法的使用。

【例 3. 18】利用 Arrays 类调用 binarySearch 方法实现对数组查找。

```
//filename:Example_0318. java
//利用 Arrays 类调用 binarySearch 方法实现对数组查找
import java. util. Arrays;
public class Example_0318
{
 public static void main(String[] args)
 {
  int [] a={25,6,45,7,12,56,52};
```

```
    Arrays. sort(a);                                    //对数组 a 进行排序
    printArray(a);                                      //输出排序后的数组
    System. out. println(Arrays. binarySearch(a，12));   //输出数组查找结果
  }
  public static void printArray(int a[])                //数组打印
  {
   for(int i=0;i<a. length;i++)
      System. out. print(a[i]+" ");
   System. out. println();                              //实现换行
  }
}
```

程序运行的结果：

6　7　12　25　45　52　56

2

通过 Arrays. sort(a)方法之后，数组变成一个从小到大有序数组，此时查找值 12 所在的位置，12 是数组中的第三个元素，下标为 2。

需要说明的是：(1)数组 a 必须是排序好的数组；(2)返回查找的结果时，如果找到则返回 key 在数组中元素的下标，否则返回－1。

3. copyOfRange(int [] original,int from,int to)方法

在程序开发中，经常需要在不破坏原数组的情况下使用数组中的部分元素，在 Arrays 类中提供了方法 copyOfRange(int[] orginal,int from,int to)。该方法将原数组 original 中的指定部分复制到一个新的数组，from 表示被复制数组的初始索引（包含），to 是表示被复制数组的最后索引（不包含）。以下通过一个实例来演示 copyOfRange 方法的使用。

【例 3.19】Arrays 类的 copyOfRange()方法示例。

```
//filename：Example_0319. java
//Arrays 类的 copyOfRange()方法示例
import java. util. * ;
public class Example_0319
{
 public static void main(String[] args)
 {
  int a[]={25,42,12,36,75,56,14,50};
  int b[]=Arrays. copyOfRange(a, 1, 5);
  for(int i=0;i<b. length;i++)
  {
    System. out. print(b[i]+" ");
  }
```

```
     }
   }
```

程序运行结果：

42　12　36　75

通过程序运行的结果可知,通过语句 Arrays. copyOfRange(a, 1, 5);将数组 a 的一部分元素 42　12　36　75 复制到数组 b 了。此处一定要注意 from 和 to 的包含与不包含关系。

4. fill(int[] a,int fromIndex,int toIndex,int val)方法

有程序开发中,有时需要用一个值去替换数组中指定范围的每个元素。此时可以用 Arrays 类中提供 fill(int[] a,int fromIndex,int toIndex,int val)方法。该方法实现将值 val 去替换数组 a 中下标从 fromIndex 到 toIndex 位置的元素。要注意的是 fromIndex 是包含的,toIndex 是不包含的。以下通过一个实例来演示 fill 方法的使用。

【例 3. 20】Arrays 类的 fill()方法示例。

```
//filename：Example_0320. java
//Arrays 类的 fill()方法示例
import java. util. Arrays；
public class Example_0320
{
  public static void main(String[] args)
  {
   int a[]={25,42,12,36,75,56,14,50}；
   Arrays. fill(a,1,4,2)；
   for(int i=0;i<a. length;i++)
   {
     System. out. print(a[i]+" ")；
   }
  }
}
```

程序运行结果：

25　2　2　2　75　56　14　50

从结果可以看出,将数组 a 下标 1～3 的值替换为 2。其实 Arrays 类提供了大量操作数组的方法,具体参照 API 文档,此处不再描述。

3.7.4　Date 类、Calendar 类与 SimpleDateFormat 类

在程序开发时,经常需要用到日期时间,在 Java 中,针对日期时间,主要用三个类,分别是 Date 类、Calendar 类和 SimpleDateFormat 类,其中 Date 类和 Calendar 类在 java. util 包中,而 SimpleDateFormat 类在 java. text 包中。以下对这三个类进行介绍。

1. Date 类

在 java. util 包中提供了一个 Date 类表示日期和时间,但 Date 类中的大部分构造方法被声明过时,只有两个构造方法是建议使用,一个是无参数的构造方法 Date(),用于创建当前日期的 Date 对象,另一个是用 long 型参数的构造方法 Date(long date),用于创建指定时间的 Date 对象,要注意的是 date 参数表示的是 1970 年 1 月 1 日 00:00:00 以来的毫秒数。以下通过一个实例来演示 Date 类的应用。

【例 3.21】Date 类的应用。

```java
//filename：Example_0321. java
//Date 类的应用
import java. util. Date；
public class Example_0321
{
 public static void main(String[] args)
 {
  Date d1＝new Date()；
  Date d2＝new Date(500)；
  System. out. println(d1)；
  System. out. println(d2)；
 }
}
```

运行结果:

Tue Sep 19 08:57:42 CST 2017

Thu Jan 01 08:00:00 CST 1970

从 JDK1.1 开始,Date 类的大部分功能都被 Calendar 类取代,接下来就针对 Calendar 类进行介绍。

2. Calendar 类

由于 Date 类中大部分的方法都不建议使用,如果要实现对日期和时间字段的操作,那么就需要用到 Calendar 类,Calendar 类为日期和时间的操作提供了大量的方法,通过方法可以获取年、月、日、时、分和秒等。但要注意的是 Calendar 类是一个抽象类,所以不能通过 new 关键字进行实例化,在程序中需要调用静态方法 getInstance()来返回一个 Calendar 对象。以下通过程序实例来演示如何获取当前的时间信息。

【例 3.22】Calendar 类的应用。

```java
//filename：Example_0322. java
//Calendar 类的应用
import java. util. Calendar；
public class Example_0322
```

```
{
  public static void main(String[] args)
  {
    Calendar c1 = Calendar. getInstance();            //获取表示当前时间的 Calendar 对象
    calendarPrint(c1);
  }
  static void calendarPrint(Calendar c1)
  {
    int year = c1. get(Calendar. YEAR);               // 获取当前年份
    int month = c1. get(Calendar. MONTH) + 1;         // 获取当前月份
    int date = c1. get(Calendar. DATE);               // 获取当前日
    int hour = c1. get(Calendar. HOUR);               // 获取时
    int minute = c1. get(Calendar. MINUTE);           // 获取分
    int second = c1. get(Calendar. SECOND);           // 获取秒
    System. out. println("当前时间为:" + year + "年 " + month + "月 " +
        date + "日 "+ hour + "时 " + minute + "分 " + second + "秒");;
  }
}
```

程序运行结果：

当前时间为:2017 年 9 月 19 日 9 时 26 分 44 秒

此处要注意的是：(1)Calendar 对象的创建是通过调用静态方法 getInstance( )实现；(2)通过调用 get()方法获取当前日期和时间信息；(3)Calendar. MONTH,月份的起始值是从0 开始,所在获取当前月份时要在这个基础上加 1 进行操作。

在程序中除了要获取当前计算机的日期时间,有时候也会经常要设置或修改日期时间,在Calendar 类中,提供了 set( )和 add( )方法,用于设置时间或都对时间进行增加操作。其中 set( )方法用于设置对应的日期时间,add( )方法用于对时间进行增加操作。以下通过实例来演示如何设置日期和如何对日期进行增加操作。

【例 3.23】设置日期和对日期进行增加操作。

```
//filename：Example_0323. java
//设置日期和对日期进行增加操作
import java. util. Calendar;
public class Example_0323
{
  public static void main(String[] args)
  {
    Calendar c1 = Calendar. getInstance();
    c1. set(2017,1,1);
```

```
    calendarPrint(c1);
    c1. add(Calendar. DATE, 50);
    calendarPrint(c1);
}
    static void calendarPrint(Calendar c1)
{
    int year = c1. get(Calendar. YEAR);              // 获取当前年份
    int month = c1. get(Calendar. MONTH) + 1;        // 获取当前月份
    int date = c1. get(Calendar. DATE);              // 获取当前日
    int hour = c1. get(Calendar. HOUR);              // 获取时
    int minute = c1. get(Calendar. MINUTE);          // 获取分
    int second = c1. get(Calendar. SECOND);          // 获取秒
    System. out. println("当前时间为:" + year + "年 " + month + "月 " +
            date + "日 "+ hour + "时 " + minute + "分 " + second + "秒");;
}
}
```

程序运行结果:

当前时间为:2017 年 2 月 1 日 9 时 49 分 17 秒

当前时间为:2017 年 3 月 23 日 9 时 49 分 17 秒

需要说明的的是:(1)语句 c1. set(2017,1,1)表示设置的时间是 2017 年 2 月 1 日;(2)语句 c1. add(Calendar. DATE, 50)表示在 Calendar. DATE 上加 50 天,结果就是 2017 年 3 月 23 日。

3. SimpleDateFormat 类

SimpleDateFormat 类是 Java 中一个非常常用的类,是 DateFormat 类的一个子类,该类用于对日期字符串进行解析和格式化输出,位于 java. text 类库。通过 SimpleDateFormat 类可以将日期转换成想要的格式,以下通过一个实例来演示 SimpleDateFormat 类的应用。

【例 3. 24】SimpleDateFormat 类应用实例。

```
//filename：Example_0324. java
//SimpleDateFormat 类应用实例
import java. text. SimpleDateFormat;
import java. util. Date;
public class Example_0324
{
    public static void main(String[] args)
    {
        SimpleDateFormat CeshiFmt0=new SimpleDateFormat
            ("Gyyyy 年 MM 月 dd 日 HH 时 mm 分 ss 秒");
```

```
SimpleDateFormat CeshiFmt1＝new SimpleDateFormat("yyyy/MM/dd HH:mm");
SimpleDateFormat CeshiFmt2＝new SimpleDateFormat("yyyy-MM-dd HH:mm:ss");
SimpleDateFormat CeshiFmt3＝new SimpleDateFormat
    ("yyyy 年 MM 月 dd 日 HH 时 mm 分 ss 秒 E ");
SimpleDateFormat CeshiFmt4＝new SimpleDateFormat("yyyy/MM/dd E");
SimpleDateFormat CeshiFmt5＝new SimpleDateFormat("一年中的第 D 天,
    第 w 个星期,一个月中第 W 个星期,k 时 z 时区");
Date now＝new Date();
System. out. println(CeshiFmt0. format(now));
System. out. println(CeshiFmt1. format(now));
System. out. println(CeshiFmt2. format(now));
System. out. println(CeshiFmt3. format(now));
System. out. println(CeshiFmt4. format(now));
System. out. println(CeshiFmt5. format(now));
    }
}
```

程序运行结果：

公元 2017 年 09 月 20 日 09 时 36 分 44 秒

2017/09/20 09:36

2017-09-20 09:36:44

2017 年 09 月 20 日 09 时 36 分 44 秒星期三

2017/09/20 星期三

一年中的第 263 天,第 38 个星期,一个月中第 4 个星期,9 时 CST 时区

通过 SimpleDateFormat 类,可以非常方便地实现各种日期格式的转换。只需要在创建 SimpleDateFormat 对象时,传入合适的格式字符串参数,就能解析各种形式的日期字符串。格式字符串参数是一个使用日期/时间字段占位符的日期模板,具体模板格式内容可以查阅 API 文档。

3.8　异常处理

3.8.1　什么是异常

在程序运行过程中会发生各种非正常状况,如程序运行时磁盘空间不足、文件找不到、网络连接中断、被装载的类不存在、非法参数等,针对这种情况,在 Java 语言中,引入了异常,以异常类的形式对这些非正常情况进行封装,通过异常处理机制对程序运行时发生的各种问题

进行处理。接下来通过一个例子来认识一下什么是异常。

【例 3. 25】算数异常。

```
//filename：Example_0325.java
//算数异常
public class Example_0325
{
  public static void main(String args[])
  {
   int result = divide(3,0);
   System. out. println("result");
  }
//以下的方法实现了两个整数相除
  public static int divide(int x,int y)
  {
   return x/y;
  }
}
```

运行结果如图 3-13 所示。

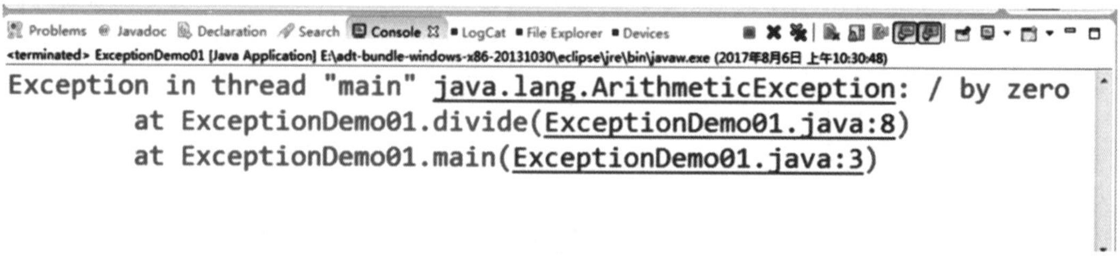

图 3-13　例 3.25 运行结果

从图 3-13 的运行结果可以看出,程序发生了算法异常(java. lang. ArithmeticException),这个异常因为调用 divide()方法时传入了参数 0,出现了被 0 除的情况,在这种情况下,程序会立即结束,无法向下执行。

Java 把异常当作对象来处理,并定义一个基类 java. lang. Throwable 作为所有异常的超类。在 Java API 中已经定义了许多异常类,这些异常类分为两大类,错误 Error 和异常 Exception。Java 异常体系结构呈树状,其层次结构如图 3-14 所示。

Throwable 类是所有异常和错误的超类,有两个子类 Error 和 Exception,分别表示错误和异常。其中异常类 Exception 又分为运行时异常(RuntimeException)和非运行时异常,这两种异常有很大的区别,也称为不检查异常(Unchecked Exception)和检查异常(Checked Exception)。

Error 类称为错误类,它表示 Java 运行时产生的系统内部错误或资源耗尽的错误,是比较

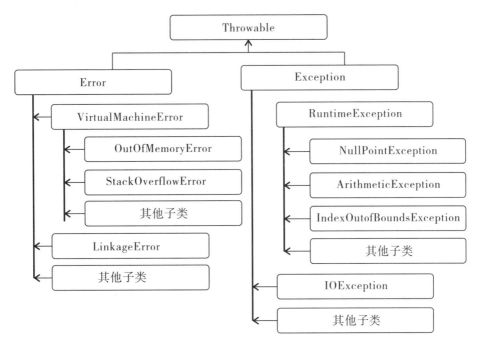

图 3-14　Java 异常体系结构图

严重的,仅靠修改程序本身是不能恢复运行的。按照 Java 惯例,是不应该实现任何新的 Error 子类的。

　　Exception 类称为异常类,它表示程序本身可以处理的异常,这种异常分两大类:运行时异常和非运行时异常。程序中应当尽可能去处理这些异常。

　　运行时异常都是 RuntimeException 类及其子类异常,如 NullPointerException、IndexOutOfBoundsException 等,这些异常是不检查异常,程序中可以选择捕获处理,也可以不处理。这些异常一般是由程序逻辑错误引起的,程序应该从逻辑角度尽可能避免这类异常的发生。

　　非运行时异常是 RuntimeException 以外的异常,类型上都属于 Exception 类及其子类。从程序语法角度讲是必须进行处理的异常,如果不处理,程序就不能编译通过。如 IOException、SQLException 等以及用户自定义的 Exception 异常,一般情况下不自定义检查异常。

3.8.2　Java 异常处理机制

　　在例 3.25 中,由于发生了异常导致程序立即终止,所以无法继续向下执行了。为了解决这样的问题,Java 中提供了一种对异常进行处理的方式——异常捕获。对可能出现异常的代码,有两种处理办法。

　　1. 能处理的异常

　　在方法中用 try…catch 语句捕获并处理异常,catch 语句可以有多个,用于匹配多个异常。在 Java 中,异常处理的完整语法是:

```
try
{
    //业务实现逻辑
    ...
}
catch(SubException e)
{
    //异常处理快 1
    ...
}
catch(SubException2 e)
{
    //异常处理快 2
    ...
}
    ...
finally
{
    //资源回收块
    ...
}
```

以上语法有三个代码块：

（1）try 语句块，表示要尝试运行代码，try 语句块中代码受异常监控，其中代码发生异常时，会抛出异常对象。

（2）catch 语句块会捕获 try 代码块中发生的异常，并在其代码块中做异常处理，catch 语句带一个 Throwable 类型的参数，表示可捕获异常类型。当 try 中出现异常时，catch 会捕获到发生的异常，并和自己的异常类型匹配，若匹配，则执行 catch 块中代码，并将 catch 块参数指向所抛的异常对象。

catch 语句可以有多个，用于匹配多个中的一个异常，一旦匹配上后，就不再尝试匹配别的 catch 块了。

通过异常对象可以获取异常发生时完整的 JVM 堆栈信息，以及异常信息和异常发生的原因等。

（3）finally 语句块是紧跟 catch 语句后的语句块，这个语句块总是会在方法返回前执行，而不管 try 语句块是否发生异常。目的是给程序一个补救的机会。这样做也体现了 Java 语言的健壮性。

【例 3.26】异常处理机制。

//filename：Example_0326.java

```
//异常处理机制
public class Example_0326
{
 public static void main(String args[])
 {
   //以下定义了一个 try-catch 语句用于捕获异常
   try
   {
    int result = divide(3,0);
    System. out. println("result"+result);
   }
   catch(Exception e)
   {
    //对异常进行处理
    System. out. println("捕获的异常信息为:"+e. getMessage());
   }
   finally
   {
    //不管有没有异常都要执行 ,用于释放资源
    System. out. println("不管有没有异常都要执行 ");
   }
   System. out. println("程序继续执行");
 }
//以下的方法实现了两个整数相除
 public static int divide(int x,int y)
 {
  return x/y;
 }
}
```

运行结果如图 3-15 所示。

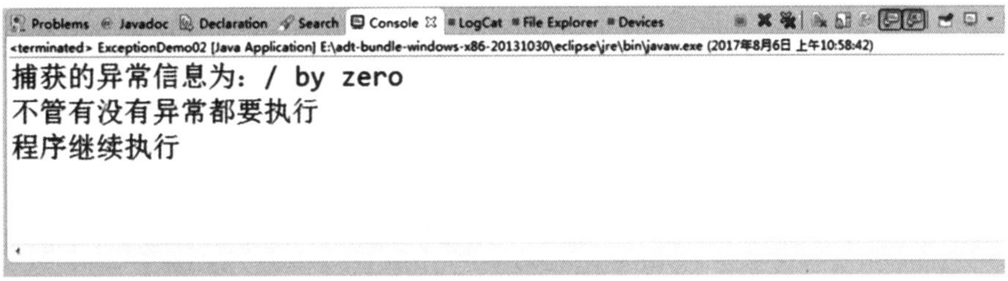

图 3-15　例 3.26 运行结果

2. 不能处理的异常

对于处理不了的异常或者要转型的异常,在方法的声明处通过 throws 语句抛出异常。

throws 关键字声明抛出异常的语法形式为:

[修饰符][返回值类型]方法名(参数表) throws ExceptionType1[, ExceptionType2 ……]

【例 3. 27】throws 抛出异常。

```java
//filename:Example_0327.java
//throws 抛出异常
public class Example_0327
{
  public static void main(String args[])
  {
   int result = divide(3,0);
   System. out. println("result"+result);
  }
//以下的方法实现了两个整数相除,并使用 throws 关键字抛出异常
  public static int divide(int x,int y) throws Exception
  {
   return x/y;
  }
}
```

例 3. 27 在编译程序时报错,结果如图 3-16 所示。因为在定义 divide( )方法时声明抛出了异常,调用者在调用 divide( )方法时就必须进行处理,否则就会发生编译错误。处理的方法如编译时提示:(1)在调用函数,即 main( )声明时继续抛出异常;(2)使用 try…catch 对调用语句进行异常处理。

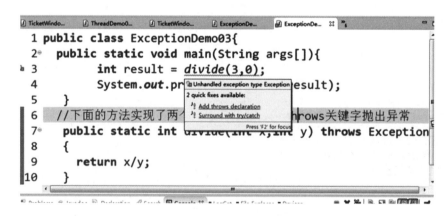

图 3-16　例 3. 27 编译结果

如果每个方法都是简单的抛出异常,那么在方法调用方法的多层嵌套调用中,Java 虚拟机会从出现异常的方法代码块中往回找,直到找到处理该异常的代码块为止。然后将异常交给相应的 catch 语句处理。如果 Java 虚拟机追溯到方法调用栈最底部 main()方法时,如果仍然没有找到处理异常的代码块,将按照以下步骤处理:

(1)调用异常的对象的 printStackTrace()方法,打印方法调用栈的异常信息。

(2)如果出现异常的线程为主线程,则整个程序运行终止;如果非主线程,则终止该线程,其他线程继续运行。

通过分析思考可以看出,越早处理异常消耗的资源和时间越小,产生影响的范围也越小。因此,不要把自己能处理的异常也抛给调用者。还有一点不可忽视:finally 语句在任何情况下都必须执行的代码,这样可以保证一些在任何情况下都必须执行代码的可靠性。比如,在数据库查询异常的时候,应该释放 JDBC 连接,等等。finally 语句先于 return 语句执行,而不论其先后位置,也不管是否 try 块出现异常。finally 语句唯一不被执行的情况是方法执行了 System. exit()方法。System. exit()的作用是终止当前正在运行的 Java 虚拟机。finally 语句块中不能通过给变量赋新值来改变 return 的返回值,不要在 finally 块中使用 return 语句,没有意义还容易导致错误。

3.8.3　自定义异常

尽管 Java 的内置异常能处理大多数常见错误,你也许希望建立你自己的异常类型来处理你所应用的特殊情况。这是非常简单的:只要定义 Exception 的一个子类就可以了。你的子类不需要实际执行什么——它们在类型系统中的存在允许你把它们当成异常使用。

Exception 类自己没有定义任何方法。当然,它继承了 Throwable 提供的一些方法。因此,所有异常,包括你创建的,都可以获得 Throwable 定义的方法。

以下的例子声明了 Exception 的一个新子类,然后把该子类当作方法中出错情形的信号。

【例 3.28】自定义异常。

```java
//filename：Example_0328. java
//自定义异常
public class DivideByMinusException extends Exception
{
 public DivideByMinusException()
 {
  super();
 }
 public DivideByMinusException(String message)
 {
  super(message);
 }
```

```
    }
public class Example_0328
{
  Public int divide(int x,int y) throws Exception
  {
    if(y<0)
      Throw new DivideByMinusException("the divisor is negative"+y);
            //这里抛出的异常对象,就是 catch(Exception e)中的 e
    int result=x/y;
    return result;
  }
public static void main(String args[])
  {
    //以下定义了一个 try-catch 语句用于捕获异常
    int result=0;
    try
    {
      result = divide(6,2);
      System. out. println("result:"+result);
      result = divide(6,-2);
      System. out. println("result:"+result);
    }
    catch(DivideByMinusException e)
    {
      //对异常进行处理
      System. out. println("捕获的异常信息为:"+e. getMessage());
    }
    finally
    {
      //不管有没有异常都要执行 ,用于释放资源
      System. out. println("不管有没有异常都要执行 ");
    }
  System. out. println("程序继续执行");
  }
```

本章小结

本章首先概要介绍面向对象程序设计的基本思想、基本概念和三个重要特性；重点介绍 Java 面向对象程序设计的核心与本质——类和对象，包括 Java 类的定义、成员变量与成员方法、对象的创建与使用、构造方法初始化对象；通过列举实例，具体介绍类的封装性、类的继承性和多态性，特别是类的继承中所涉及的成员变量隐藏和成员方法重写与重载的意义与使用方法；并对接口和包、一些常用类以及异常处理也作了具体介绍。通过本章的学习，读者应进一步明确对象是面向对象程序设计的核心，面向对象编程是将属性和方法封装到对象中，通过类的继承构建层次明晰的程序结构，使软件开发更加简洁高效。

习　题

3.1　类与对象的关系？如何创建对象？

3.2　构造方法的作用？如何调用构造方法？

3.3　成员变量和局部变量的区别？实例变量与类变量的区别？

3.4　在成员方法体中使用 this 和 super 关键字的意义与区别？

3.5　接口和抽象类的异同？

3.6　创建一个 Box 类，其中声明三个成员变量 length、width、height 分别代表长方体的长、宽、高；在 Box 类中定义两个成员方法分别计算长方体的面积和体积。编写程序利用 Box 类创建一个对象，并输出给定尺寸的长方体的面积和体积。

3.7　编写程序实现产生 50 个 0～100 的不同随机整数。

3.8　编写程序输出当前的日期，并同时计算输出在当前日期上增加 90 天后的日期。

3.9　什么是异常？什么是抛出异常？什么是捕捉异常？Throw 语句和 Throws 语句的区别？

3.10　创建一个 Person 类，成员变量为：姓名、性别、年龄，在构造函数中使用键盘输入为其成员变量赋值，显示其信息。使用对象数组创建至少两个 Person 对象。

要求：运用异常处理知识，对通过键盘输入的"性别"只能是"man"或"female"，输入有误，则要求重新输入；同样对年龄的输入范围只能在 0 到 120 之间，输入有误，则要求重新输入。

第 4 章

图形用户界面设计

本章要点

- AWT 和 Swing。
- 容器和组件。
- Java 布局管理器。
- 事件机制模型。
- 常用的一些组件。

4.1 AWT 和 Swing

图形用户界面简称 GUI(Graphical User Interface)，JDK API 中提供了两套组件用于支持编写图形用户界面，分别为 AWT 和 Swing。AWT 使用本地操作系统的代码资源，被称为重量级组件。Swing 建立在 AWT 提供的基础之上，同时使用 AWT 相同的事件处理机制。Swing 组件是轻量级的 GUI 组件，完全用纯 Java 代码编写，不依赖于任何特定平台。

4.1.1 AWT

AWT 是 Abstract Window ToolKit（抽象窗口工具包）的缩写，这个工具包提供了众多的用于编写 Java 程序图形界面的类和接口。通过这些类和接口，可以使得编写 Java 图形用户界面的工作得到简化。通常 AWT 中包含的一些常用的类和接口如图 4-1 所示。

从图 4-1 中可以看出，AWT 主要包括布局管理器（Layout）类及接口、组件（Component）类和接口、事件（Event）类和接口及字体（Font）类、几何图形（Graphics）类等，这些类的根类都是 Object。

4.1.2 Swing

由于 AWT 是 Java 早期提供的界面组件包，功能不太完善，有时使用起来不是很方便。因此在 Java 的后续版本中提供了功能更加完善的界面组件包，简称 Swing。Swing 不仅提供

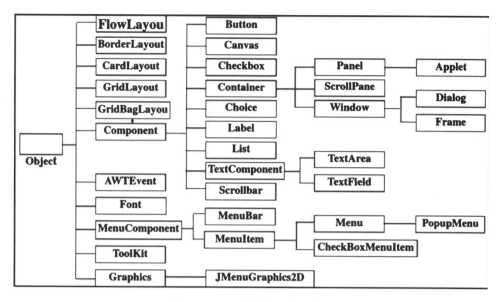

图 4-1　AWT 中的常见类和接口

许多比 AWT 更好的屏幕显示元素,而且它们用纯 Java 代码编写,因此相对 AWT 来说,能更好地跨平台运行。它支持可更换的面板和主题(各种操作系统默认的特有主题),然而不是真的使用原生平台提供的设备,而是仅在表面上模仿它们。这意味着你可以在任意平台上使用 Java 支持的任意面板。Swing 是轻量级组件,缺点是执行速度较慢,优点就是可以在所有平台上采用统一的行为。通常 AWT 中包含的一些常用的类和接口如图 4-2 所示。

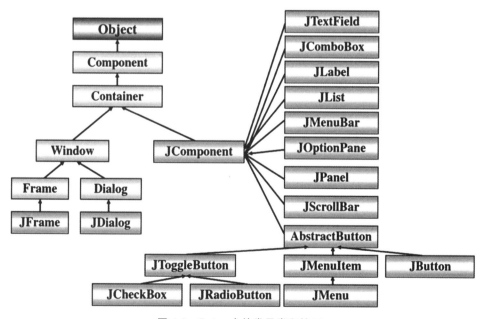

图 4-2　Swing 中的常见类和接口

比较图 4-1 和图 4-2 可以看出:Swing 中的类和接口很多和 AWT 中的名字几乎一致,只不过在相应的类和接口前加一字母 J。然而不能据此认为 Swing 可以取代 AWT,从总体上看,Swing 和 AWT 部分功能重复,部分功能互补,两者都是构成 Java 界面的元素。

4.2　容器与组件

可以简单地把 Java 语言中构成用户图形界面的元素分为两类:容器和组件。容器的主要作用是实现图形界面和组织其他组件,是用来组织其他图形界面的最基础的单元,如一个窗口。容器内部可以包含许多其他组件,也可以包含另一个容器,这个容器再包含很多的组件。组件就是不能容纳其他组件的图形界面元素。

4.2.1　容器

AWT 和 Swing 中都具有容器类,通常情况下 Swing 中的容器功能更加强大,使用起来更加方便。容器的特点如下:

(1)容器有一定的范围。

(2)容器有一定的位置。

(3)容器通常有背景。

(4)背景覆盖整个容器,可以由编程者改变,如变成透明、单色,或用一个图案或图像等。

(5)容器中的其他元素将随容器的打开而打开,随容器的关闭而隐藏。

(6)容器可以按一定的规则来安排包含的各种元素,如相对的位置等。

(7)容器可能包含在其他容器中。

有一类特殊的容器称为顶层容器,所谓的顶层容器,是指该容器只能用来装其他组件,或者不能作为组件被装入其他容器中。常见的顶层容器有 JWindow、JFrame、JDialog 和 JApplet。其中用到最多的顶层容器是 JFrame 和 JDialog。

有了上面的 Java 图形界面的基本知识,下面就可以开始写一简单的图形应用程序。代码如下:

```
import javax. swing. * ;                //导入 swing 包
public class FirstWindow
{
  public static void main(String[] args)
  {
    JFrame f1=new JFrame();            //创建一个无标题的窗口 f1
    f1. setSize(300,200);              //设置第一个窗口的大小为 100 * 100
    f1. setVisible(true);             //设置第一个窗口可见
  }
}
```

上述代码实现一个最简单的图形程序，其中的 f1 是一个顶层容器，由 JFrame 类来进行初始化。程序的运行结果如图 4-3 所示。

图 4-3　一个简单的 JFrame

从图 4-3 可以看出，一个 JFrame 窗口默认包含最小化、最大化和关闭按钮，以及一个 Java 语言的标志图标，所有的图形界面程序必须有一个顶层容器。当然利用 AWT 包中的 Frame 类也可以实现上述简单的图形界面，然而利用 AWT 来实现时还需要为关闭按钮进行编码，否则窗口不能关闭。因此，通常用 Swing 中的容器和组件进行 Java 图形程序界面的构建，AWT 包中的类主要用于布局管理和事件模型。

4.2.2　组件

组件是指不能容纳其他组件的界面元素，如通常的按钮、标签、文本框、图像控件等。AWT 和 Swing 都提供了非常丰富的组件，可以参看图 4-1 和图 4-2。在 Java 的图形界面设计中，组件总是被加入容器中，并且是按照一定的布局方式被加入容器中。

4.2.3　内容窗格

除了容器和组件的概念外，Java 的图形界面里一个叫内容窗格的类，一般和 JFrame 一起使用。如果把 JFrame 当作整个画板，那么内容窗格相当于在 JFrame 画板上的一张画纸；如果你想在画板上多画几幅画，你只要多贴几张画纸，根本不需要去管画板，相对于画板独立开来，操作的只是画纸；但是如果你不贴画纸，只是在画板上画，因为操作的是画板，那样当你需要画很多画的时候就显得不灵活了。可以通过如下的方式获取对应 JFrame 的内容窗格：

JFrame f1＝new JFrame()；

Container container1＝f1. getContentPane；

那么以后如果组件要添加到顶层容器中，其实可以添加到对应的内容窗格中，这样会给界面的设计带来灵活性。

下面通过一个包含组件和容器的程序来总结上述的内容。程序的运行结果如图 4-4 所示。

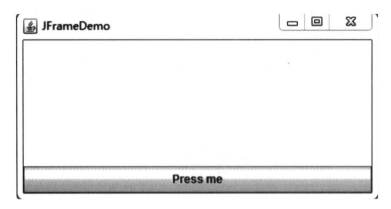

图 4-4　包含组件和容器的 JFrame

程序的代码如下：

```java
import java.awt.BorderLayout;
import java.awt.Container;
import javax.swing.JButton;
import javax.swing.JFrame;
public class JFrameDemo
{
  public static void main(String[] args)
  {
  JFrame frame = new JFrame("JFrameDemo");      //创建一个 JFrame 的实例
  frame.setSize(400,200);                        //将 JFrame 设置到适当的大小
  JButton button = new JButton("Press me");      //创建一个 JButton 的实例
  Container container = frame.getContentPane();
  container.add(button,BorderLayout.SOUTH);
  frame.setVisible(true);                        //显示 JFrame
  }
}
```

在上面的代码中，首先导入四个需要用到的类，从导入的类可以看出，awt 包和 swing 包都要用到，说明了 awt 包和 swing 包有互补的关系。代码 JFrame frame = new JFrame("JFrameDemo")则创建一个类型为 JFrame 顶层容器作为外层的窗口；同理代码 JButton button = new JButton("Press me")创建一个按钮；获取顶层容器 frame 的内容窗格的代码为 Container container = frame.getContentPane()；然后将按钮添加到内容窗格的底部并显示窗口。

4.3 布局管理器

Java 图形界面中涉及的一个很重要的内容就是布局管理器。布局管理器可以从整体上对容器中的组件的位置、排列顺序以及大小等进行统一的组织和管理。在显示屏幕大小变化和不同的软硬件平台上,利用布局管理器进行管理有较强的适应性。

Java 类库提供了众多的布局管理器类,常用的有以下几种:

(1)BorderLayout:边界布局管理器。

(2)FlowLayout:流式布局管理器。

(3)GridLayout:网格布局管理器。

(4)CardLayout:卡式布局管理器。

当然还有其他的布局管理器,读者可以仿照上述几种的用法和相应的 API 自行学习。下面对上述几种常用的布局管理器进行介绍。

4.3.1 BorderLayout 布局管理器

BorderLayout 布局将容器内的空间划分为东、南、西、北、中五个方位,并指明组件所在的方位,它是 JFrame 的缺省布局方式。

BorderLayout 布局的构造函数有两种:

(1)public BorderLayout():按默认方式放置组件。

(2)public BorderLayout(int h,int v):指定组件间隔。

其中参数 h 表示每个组件左右间隔距离,单位为像素,v 表示每个组件上下间隔距离,单位为像素。

BorderLayout 布局的版面配置如图 4-5 所示。

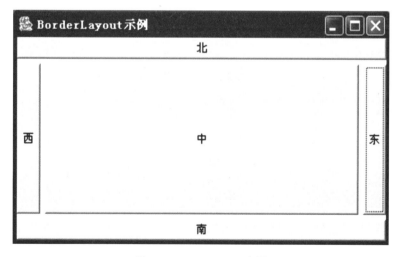

图 4-5 BorderLayout 布局

如果只是简单的图形界面,有时为了方便可以使用容器的 add 方法将组件加入容器中,而无须使用内容窗格。一般需要编写进行如下的几行代码:

JFrame f＝new JFrame();　　　　　　　　　　//创建窗口 f

JButton b＝new Button("确定");　　　　　　　//创建按钮

f. setLayout(new BorderLayout(5,5));

//设置窗口的布局管理器为 BorderLayout,边界的上下间隔都为 5 个像素

f. add(b,BorderLayout. CENTER);　　　　　　//将按钮 b 加到窗口 f 的中间

下面是一个 BorderLayout 的简单例子,程序运行界面如图 4-6 所示。

图 4-6　**BorderLayout** 例子界面

程序的代码如下:

```
import java. awt. * ;
import javax. swing. * ;
public class BorderLayoutDemo
{
 public static void main(String s[])
 {
  JFrame frame = new JFrame("BorderLayout");
  JButton button1 = new JButton("上边");
  JButton button2 = new JButton("中间");
  JButton button3 = new JButton("下边");
  frame. add(button1, BorderLayout. NORTH);
  frame. add(button2, BorderLayout. CENTER);
  frame. add(button3, BorderLayout. SOUTH);
```

```
      frame. setSize(300，300)；
      frame. setVisible(true)；
    }
  }
```

上述程序中，往顶层容器添加了三个按钮，按照 BorderLayout 的布局，分别添加在上、中、下三个位置。左右两边的位置没有添加相应的组件，由于边界布局管理器规定了中间部分的优先权，所以中间组件则占领空缺的位置。

4.3.2　FlowLayout 布局管理器

顾名思义，流式布局管理器是把所有组件按照流水一样排列，若当前行放不下了，则自动排到下一行。组件按照从上到下，从左到右依次摆放，每行均居中，它是 Panel、Applet 的缺省布局。组件的大小也是根据控件内容，窗口大小做出相应的伸缩。

FlowLayout 布局的构造函数有三种：

（1）public FlowLayout()：按默认居中方式放置组件。

（2）public FlowLayout(int alignment)　　　　　　//按指定对齐方式放置组件

（3）public FlowLayout(int alignment，int h，int v)　　//按指定对齐方式放置组件

其中参数 alignment，可以分别取 FlowLayout. RIGHT、FlowLayout. LEFT、FlowLayout. CENTER(默认值)，h 表示每个组件左右间隔距离，单位为像素，v 表示每个组件上下间隔距离，单位为像素。

下面是一个 FlowLayout 的简单例子，程序运行界面如图 4-7 所示。

图 4-7　FlowLayout 例子界面

程序的代码如下：

```
import java. awt. * ；
import javax. swing. * ；
public class FlowLayoutDemo
```

```
{
    public static void main(String s[])
    {
        JFrame frame = new JFrame("FlowrLayout");
        JButton button1 = new JButton("按钮一");
        JButton button2 = new JButton("按钮二");
        JButton button3 = new JButton("按钮三");
        JButton button4 = new JButton("按钮四");
        JButton button5 = new JButton("按钮五");
        frame.setLayout(new FlowLayout());
        frame.add(button1);
        frame.add(button2);
        frame.add(button3);
        frame.add(button4);
        frame.add(button5);
        frame.setSize(300, 300);
        frame.setVisible(true);
    }
}
```

上述程序中,往顶层容器依次添加了五个按钮,按照 FlowLayout 的布局,分别在第一行的中间开始添加按钮,如果一行容纳不下,则自动换到下一行的中间位置继续添加按钮。

对运行中的程序界面的宽度进行调整,如果宽度足够的话,五个按钮可以显示在同一行,如图 4-8 所示。

图 4-8　宽度增加后的 FlowLayout 例子界面

这样规定的好处是显示器大小变化时,程序界面中的内容依旧能够显示完整。

4.3.3　GridLayout 布局管理器

GridLayout 布局形似一个无框线的网格,每个单元格中放一个组件,其配置方式是按组件加入的顺序依次从左向右,由上到下地摆放。放置在网格上的组件大小都是一样的。

GridLayout 布局的构造函数有两种：

(1) public GridLayout(int rows, int columns)　　　　//按指定行数和列数放置组件

(2) public GridLayout(int rows, int columns, int h, int v)　　//按指定方式放置组件

其中参数 rows 和 columns 分别表示将容器均匀地划分为一个 rows 行、columns 列的表格，参数 h 表示各组件的水平间隔距离，单位为像素，v 表示各组件的上下间隔距离，单位为像素。

下面是一个 GridLayout 的简单例子，程序运行界面如图 4-9 所示。

图 4-9　GridLayout 例子界面

程序的代码如下：

```
import java. awt. * ;
import javax. swing. * ;
public class GridLayoutDemo
{
  public static void main(String s[])
  {
    JFrame frame = new JFrame("GridLayout");
    JButton button1 = new JButton("按钮一");
    JButton button2 = new JButton("按钮二");
    JButton button3 = new JButton("按钮三");
    JButton button4 = new JButton("按钮四");
    JButton button5 = new JButton("按钮五");
    JButton button6 = new JButton("按钮六");
    frame. setLayout(new GridLayout(2,3,5,5));
    frame. add(button1);
    frame. add(button2);
```

```
frame. add(button3);
frame. add(button4);
frame. add(button5);
frame. add(button6);
frame. setSize(300, 300);
frame. setVisible(true);
    }
}
```

在上述代码中,将顶层容器 frame 的布局管理器设置为 GridLayout,包含 2 行 3 列,且行列间距都为 5 像素,然后依次放入 6 个按钮。

4.3.4 CardLayout 布局管理器

CardLayout 布局将组件象卡片一样放置在容器中,在某一时刻只有一个组件可见。CardLayout 布局的构造函数有两种:

(1)public CardLayout():按默认居中方式放置组件。

(2)public CardLayout(int h,int v):按指定对齐方式放置组件。

其中参数 h 表示卡片各边和容器的水平间隔距离,单位为像素,v 表示卡片各边和容器的上下间隔距离,单位为像素。

CardLayout 布局的常用方法有四种:

(1)void first(Container parent):显示容器 parent 中的第一张卡片。

(2)void last(Container parent):显示容器 parent 中的最后一张卡片。

(3)void next(Container parent):显示容器 parent 中的下一张卡片。

(4)void show(Container parent,String name):显示容器 parent 中的 name 卡片。

下面是一个 CardLayout 布局管理器的例子,这个例子比前面的例子复杂一些,用到了另外一个经常使用的容器 JPanel,以及事件动作方面的知识。程序刚启动时运行界面如图 4-10 所示。

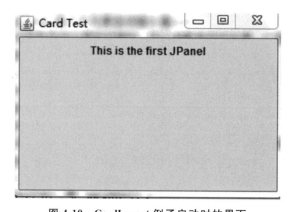

图 4-10 CardLayout 例子启动时的界面

在界面上用鼠标单击一下,将出现如图 4-11 所示的界面。

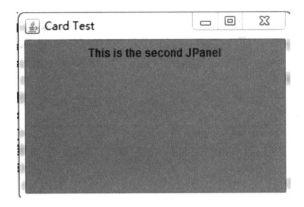

图 4-11 单击一下 CardLayout 例子时的界面

如果继续单击鼠标,将会出现另外几个在程序中依次加入的 JPanel,最后重新从第一个 JPanel 开始,可以一直单击重复。

程序的代码如下:

```
import java. awt. * ;
import java. awt. event. * ;
import javax. swing. * ;
public class CardLayoutDemo extends MouseAdapter
{
  JPanel p1,p2,p3,p4,p5;
  JLabel l1,l2,l3,l4,l5;
  CardLayout myCard;                     //声明一个 CardLayout 对象
  JFrame frame;
  Container contentPane;
  public static void main (String args[])
  {
    CardLayoutDemo that = new CardLayoutDemo();
    that. go();
  }
  public void go()
  {
    frame = new JFrame ("Card Test");
    contentPane = frame. getContentPane();
    myCard = new CardLayout();
    contentPane. setLayout(myCard);            //设置 CardLayout 布局管理器
    p1 = new JPanel();
```

```java
p2 = new JPanel();
p3 = new JPanel();
p4 = new JPanel();
p5 = new JPanel();
//为每个 JPanel 创建一个标签并设定不同的背景颜色,以便于区分
l1 = new JLabel("This is the first JPanel");
p1.add(l1);
p1.setBackground(Color.yellow);
l2 = new JLabel("This is the second JPanel");
p2.add(l2);
p2.setBackground(Color.green);
l3 = new JLabel("This is the third JPanel");
p3.add(l3);
p3.setBackground(Color.magenta);
l4 = new JLabel("This is the fourth JPanel");
p4.add(l4);
p4.setBackground(Color.white);
l5 = new JLabel("This is the fifth JPanel");
p5.add(l5);
p5.setBackground(Color.cyan);
// 设定鼠标事件的监听程序
p1.addMouseListener(this);
p2.addMouseListener(this);
p3.addMouseListener(this);
p4.addMouseListener(this);
p5.addMouseListener(this);
//将每个 JPanel 作为一张卡片加入 frame 的内容窗格
contentPane.add(p1, "First");
contentPane.add(p2, "Second");
contentPane.add(p3, "Third");
contentPane.add(p4, "Fourth");
contentPane.add(p5, "Fifth");
//显示第一张卡片
myCard.show(contentPane, "First");
frame.setSize(300, 200);
frame.show();
}
```

```
// 处理鼠标事件,每当单击鼠标时,即显示下一张卡片。
// 如果已经显示到最后一张,则重新显示第一张。
public void mouseClicked(MouseEvent e)
{
    myCard. next(contentPane);
}
}
```

上述代码中,用到了内容窗格,使得可以灵活变化窗格上面的内容。在内容窗格上加入了五个面板 JPanel,并为每个面板设置不同的背景颜色。面板是一个常用的非顶层容器,其默认的布局管理器为 FlowLayout。为了能够相应鼠标的单击,为每个面板都注册(添加)了监听器,当单击鼠标时,便调用相应的方法 mouseClicked(MouseEvent e)中的代码 myCard. next(contentPane),使得 CardLayout 布局管理器显示内容窗格中的不同面板及其中的内容。有关事件动作及监听器的内容将在后续章节进一步详细介绍。

4.3.5　不使用布局管理器

和其他的编程语言一样,Java 也可以不使用任何的布局管理器进行图形界面的构建。这时首先需要将容器的布局管理设置为 null,大体如下代码所示:

frame. setLayout(null)

不使用布局有两种方法可以指定组件在面板上的位置和大小:

(1)先用方法 setSize(int width,ing height)来指定组件的大小,再用方法 setLocation 来指定组件的位置。

(2)直接将上面两步合并,利用下面每个组件都有的方法来设置:

public void setBounds(int x,int y,int w,int h)

其中参数 x、y 指定组件左上角在容器中的坐标,w、h 指定组件的宽和高。

下面是一个不使用任何布局管理器的例子,程序运行如图 4-12 所示。

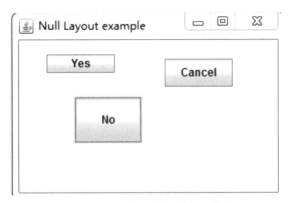

图 4-12　不使用布局管理器例子的界面

程序代码如下：

```
import java.awt. * ;
import javax.swing. * ;
public class NullLayoutDemo
{
  private JFrame frame;
  private JButton b1, b2, b3;
  public static void main(String args[])
  {
    NullLayoutDemo that = new NullLayoutDemo();
    that.go();
  }
  void go()
  {
    frame = new JFrame("Null Layout example");
    Container contentPane = frame.getContentPane();
    //设置布局管理器为 null
    contentPane.setLayout(null);
    //添加按钮
    b1 = new JButton("Yes");
    contentPane.add(b1);
    b2 = new JButton("No");
    contentPane.add(b2);
    b3 = new JButton("Cancel");
    contentPane.add(b3);
    //设置按钮的位置和大小
    b1.setBounds(30, 15, 75, 20);
    b2.setBounds(60, 60, 75, 50);
    b3.setBounds(160, 20, 75, 30);
    frame.setSize(300, 200 );
    frame.setVisible(true);
  }
}
```

从上述代码可以看出，代码 contentPane.setLayout(null)告诉内容窗格不使用任何的布局管理器，然后将三个按钮按照指定的位置和大小进行排放。这种做法在组件较多时很不方便，且当屏幕大小变化时会导致有些组件显示不出来。

4.4　事件机制

在 Java 图形程序中,对图形界面上的各种组件进行操作并产生相应的响应,用事件机制模型来描述。

4.4.1　事件处理三要素

所谓的事件机制,简单讲就是图形界面中的组件响应用户动作(如按下按钮、单击鼠标)的一整套机制,在 Java 语言中,主要通过以下三要素进行实现。

(1)事件源:产生事件的对象。

(2)监听器:负责处理事件的方法。

(3)事件对象:用于在事件源与事件处理器间传递信息的桥梁。

为了说明上述三个要素,下面通过一个例子来进行说明。如图 4-13 所示的界面,当单击按钮 Button One 时,将在 console 窗口输出“Button One Pressed”的提示信息。

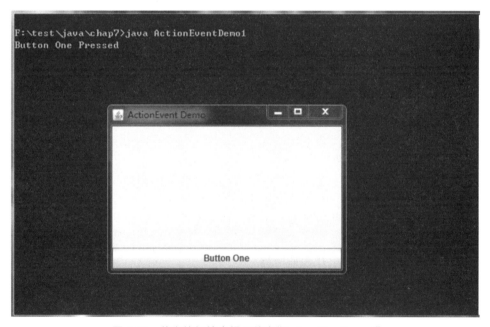

图 4-13　单击按钮输出提示信息“Button One Pressed”

程序代码如下:

```
import java.awt. * ;
import java.awt.event.ActionEvent;
import java.awt.event.ActionListener;
import javax.swing. * ;
```

```
public class ActionEventDemo1 implements ActionListener
{
 JFrame frame;
 JButton bOne;
 public static void main(String args[])
 {
  ActionEventDemo1 demo1＝new ActionEventDemo1();
  demo1.go();
 }
 public void go()
 {
 frame ＝ new JFrame ("ActionEvent Demo");
 bOne ＝ new JButton("Button One");
 //注册事件监听程序
 bOne.addActionListener(this);
 frame.getContentPane().add(bOne,BorderLayout.SOUTH);
 frame.setSize(200,200);
 frame.setVisible(true);
 }
 public void actionPerformed(ActionEvent e)
 {
 System.out.println("Button One Pressed");
 }
}
```

在上述的例子中,事件源为 bOne 按钮,在它上面发生了被鼠标单击的动作事件,这个通过事件对象类 ActionEvent 产生的对象 e 来描述。为了让按钮能够感知单击的动作,还需要在按钮上安装一个监听器 ActionLiserer,由当前类本事来充当。按钮 bOne 通过 bOne.add-ActionListener(this)代码来安装监听器。本例事件模型的三要素如下:

(1)事件源:bOne。

(2)监听器:this(代表当前类作为监听器)。

(3)事件对象:e。

Java 提供多种类型的监听器接口和事件对象类,可以根据需要进行选择。

4.4.2 监听器

图形界面上的组件必须安装了监听器以后,才能够监听到在其上发生的动作,然后通过对应的动作方法进行相应。Java 的各种监听器都是通过接口来进行实现的,表 4-1 列出了一些常用的监听器和对应的事件类以及相应的组件。

表 4-1　监听器、事件类和相应的组件

事件类	产生事件的组件	可使用的监听器
ActionEvent	JButton	ActionListener
	JList	
	JMenuItem	
	JTextField	
AdjustmentEvent	JScrollbar	AdjustmentListener
ItemEvent	JCheckbox	ItemListener
	JCheckboxMenuItem	
	JChoice	
	JList	
TextEvent	JTextField	TextListener
	JTextArea	
ComponentEventComponent	ComponentListener	
FocusEvent	Key	FocusListener
MouseEvent	Mouse	MouseListener
WindowEvent	Window	WindowListener
KeyEvent	Key	KeyListener
ContainerEvent	Container	ContainerListener

　　在图 4-13 所示的例子中,用到了 ActionListener 监听器接口,这个监听器接口比较常用,在组件上进行键盘按键或单击鼠标都可以使用这个接口,这个接口中只有一个抽象方法 actionPerformed(ActionEvent e),只要把希望响应事件的代码写入这个方法就可以,在例子中,因为只有一个事件源 bOne,所以不要去判断 actionPerformed(ActionEvent e)方法中的代码对应哪个事件源。如果有多个事件源安装了同一种监听器,则需要进行相应的事件源判断,并采取相应的代码相应,下面的例子说明这种情况,程序运行如图 4-14 所示。

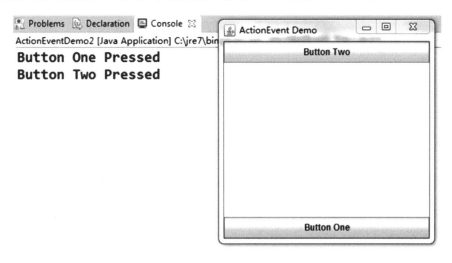

图 4-14　同种监听器多个事件源例子

程序代码如下：

```java
import java.awt.*;
import java.awt.event.ActionEvent;
import java.awt.event.ActionListener;
import javax.swing.*;
public class ActionEventDemo2 implements ActionListener
{
    JFrame frame;
    JButton bOne,bTwo;
    public static void main(String args[])
    {
        ActionEventDemo2 demo2=new ActionEventDemo2();
        demo2.go();
    }
    public void go()
    {
        frame = new JFrame ("ActionEvent Demo");
        bOne = new JButton("Button One");
        bTwo = new JButton("Button Two");
        //注册事件监听程序
        bOne.addActionListener(this);
        bTwo.addActionListener(this);
        frame.getContentPane().add(bOne,BorderLayout.SOUTH);
        frame.getContentPane().add(bTwo,BorderLayout.NORTH);
        frame.setSize(300, 300);;
        frame.setVisible(true);
    }
    @Override
    public void actionPerformed(ActionEvent e)
    {
        if (e.getActionCommand().equals("Button One"))
        {
            System.out.println("Button One Pressed");
        }
        if (e.getActionCommand().equals("Button Two"))
        {
            System.out.println("Button Two Pressed");
```

```
    }
  }
}
```

本例中只比图 4-13 的例子增加了一个按钮,两个按钮安装了同一种监听器 ActionListerer,在监听器对应的事件方法 actionPerformed(ActionEvent e)中需要进行事件源的判断,通过代码可以看到,利用事件对象类 ActionEvent 所产生的对象 e 的相应方法 e.getActionCommand()可以进行事件源的判断。

4.4.3　适配器

适配器是为简化实现监听器的代码而产生的。Java 语言提供了多种监听器接口,接口中的方法都是抽象方法,每个实现接口的类中都要对这些抽象方法一一具体化。有些接口比较简单只有一个抽象方法,如 ActionListener 接口,它只有一个 actionPerformed(ActionEvent e)抽象方法。有些接口则具有多个抽象方法,如 MouseListener 接口,其程序代码如下:

```
public interface MouseListener extends EventListener
{
  public void mouseClicked(MouseEvent e);
  public void mousePressed(MouseEvent e);
  public void mouseReleased(MouseEvent e);
  public void mouseEntered(MouseEvent e);
  public void mouseExited(MouseEvent e);
}
```

可以看到 ActionListener 接口有五个抽象方法,在实际应用中并非所有的抽象方法都需要用到。由此产生了对应的适配器,下面的例子说明适配器的用途。

```
public class UseMousseListenerDemo implements MouseListener
{
  public static void main(String args[])
  {
    UseMouseListener two = new UseMouseListener();
    two.go();
  }
  public void go()
  {
    frame = new JFrame("listeners example");
    ...
  }
  public void mouseEntered (MouseEvent e)
```

```
  {
   ...
  }
  public void mouseExited（MouseEvent e）
  {
   ...
  }
  public void mouseClicked（MouseEvent e）{}
  public void mousePressed（MouseEvent e）{}
  public void mouseReleased（MouseEvent e）{}
}
```

上面的代码中,有三个方法没有使用,但是也要重写,这给实际编码带来了不便。为了简化问题,JDK 对部分监听器接口方法进行了重写,称为适配器,如监听器 MouseListener 对应的适配器为 MouseAdapter,其代码如下:

```
public abstract class MouseAdapter implements MouseListener
{
  public void mouseClicked(MouseEvent e) {}
  public void mousePressed(MouseEvent e) {}
  public void mouseReleased(MouseEvent e) {}
  public void mouseEntered(MouseEvent e) {}
  public void mouseExited(MouseEvent e) {}
}
```

有了适配器,有时可以部分简化代码,如上例 UseMouseListenerDemo. java 中,代码可以简化如下:

```
public class UseMousseListenerDemo extends MouseAdapter
{
  ...
  public static void main(String args[])
  {
   UseMouseListener two = new UseMouseListener();
   two. go();
  }
  public void go()
  {
   frame = new JFrame("listeners example");
   ...
  }
```

```
public void mouseEntered（MouseEvent e）
{
  …
}
public void mouseExited（MouseEvent e）
{
  …
}
}
```

可以看出，用上适配器，无须重写部分空方法，起到了简化代码的目的。一些常见的监听器及其对应的适配器如表 4-2 所示。

表 4-2　常见的监听器及其对应的适配器

监听器	对应的适配器
WindowListener	WindowAdapter
MouseListener	MouseAdapter
MouseMotionListener	MouseMotionAdapter
KeyListener	KeyAdapter
ContainerListener	ContainerAdapter
FocusListener	FocusAdapter
ComponentListener	ComponentAdapter

4.5　常用组件

JDK 提供众多的进行图形开发的组件，不可能一一介绍。下面选择几个常用的组件进行介绍，其他的可以参看 JDK API 等相关文档。

4.5.1　按钮

按钮是使用非常普遍的用户界面组件。按钮通常带有某种边框，且可以被鼠标或快捷键激活。能够激活它们来完成某个功能，而且很多其他 Swing 组件都是 AbstractButton 类的扩展，而 AbstractButton 类是 Swing 按钮的基类。

JButton 共有 4 个构造函数：

（1）JButton()：建立一个按钮。

（2）JButton(Icon icon)：建立一个有图像的按钮。

（3）JButton(String icon)：建立一个有文字的按钮。

（4）JButton(String text,Icon icon)：建立一个有图像与文字的按钮。

JButton 中常用方法说明如表 4-3 所示。

表 4-3　JButton 类的常用方法

方法声明	功能描述
addActionListener(ActionListener l)	将一个 ActionListener 添加到按钮中
setActionCommand( )	返回回此按钮的动作命令
getIcon( )	返回默认图标
getMnemonic( )	返回当前模型中的键盘助记符
getText( )	返回按钮的文本
setEnabled(boolean b)	启用(或禁用)按钮

下面通过一个例子来说明按钮的用法,本例程序的初次运行结果如图 4-15 所示。

图 4-15　初次运行的界面

单击"确定"按钮后,出现如图 4-16 所示的界面,即标签内容变换。

图 4-16　单击"确定"按钮后的界面

再次单击"确定"按钮后,出现如图 4-17 所示的界面,即标签内容再次变换。

图 4-17　再次单击"确定"按钮后的界面

上述程序的代码如下：

```
import java. awt. * ;
import java. awt. event. * ;
import javax. swing. * ;
class JButtonExample extends WindowAdapter
implements ActionListener
{
  JFrame f;
  JButton b;
  JLabel lb;
  int tag = 0;
  public static void main(String args[])
  {
    JButtonExample be = new JButtonExample();
    be. go();
  }
  public void go()
  {
    f = new JFrame("JButton Example");
    b = new JButton("确定");
    b. addActionListener(this);
    f. getContentPane(). add(b,"South");
    lb = new JLabel("你好");
    f. getContentPane(). add(lb,"Center");
    f. addWindowListener(this);
    f. setSize(300,150);
    f. setVisible(true);
  }
  // 实现 ActionListener 接口中的 actionPerformed()方法
  public void actionPerformed(ActionEvent e)
  {
    String s1 = "哈哈";
    String s2 = "呵呵";
    //交替显示两条信息
    if (tag==0)
    {
      lb. setText(s1);
```

```
            tag = 1;
          }
        else
          {
          lb. setText(s2);
          tag = 0;
          }
       }
     }
```

4.5.2 文本框

JTextField 继承 JTextComponent 类,因此它也可以使用 JTextComponent 抽象类里面许多好用的方法,如 copy()、paste()、setText()、isEditable()等。JTextField 是一个单行的输入组件,可以在很多地方使用它。为了提供类似密码的服务,单独的类 JPasswordField 扩展了JTextField,从而通过可插入外观独立地提供此服务。

JTextField 有如下一些构造方法:

(1)JTextField():构造一个新的 TextField。

(2)JTextField(Document doc,String text,int columns):构造一个新的 JTextField,它使用给定文本存储模型和给定的列数。

(3)JTextField(int columns):构造一个具有指定列数的新的空 TextField。

(4)JTextField(String text):构造一个用指定文本初始化的新 TextField。

(5)JTextField(String text,int columns):构造一个用指定文本和列初始化的新 Text-Field。

JTextField 一些常用方法如表 4-4 所示。

表 4-4　JTextField 类的常用方法

方法声明	功能描述
addActionListener(ActionListener l)	添加指定的操作侦听器以从此文本字段接收操作事件
getColumns()	返回此 TextField 中的列数
getColumnWidth()	返回列宽度
setActionCommand(String command)	设置用于操作事件的命令字符串
setDocument(Document doc)	将编辑器与一个文本文档关联
setFont(Font f)	设置当前字体
setHorizontalAlignment(int alignment)	设置文本的水平对齐方式
getDocument()	获取与编辑器关联的模型
getText()	返回此 TextComponent 中包含的文本

下面通过一个例子来说明按钮的用法,本例程序的初次运行结果如图 4-18 所示。本例演示了三个文本框进行数据共享并同步显示的一种方法,如图 4-19 所示。

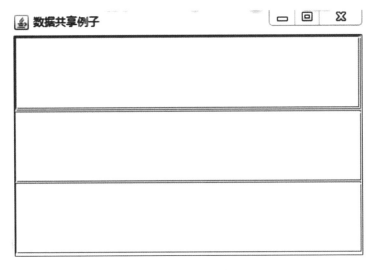

图 4-18　初次运行的界面

图 4-19　在第一个文本框输入内容后的界面

上述程序的代码如下：

```
import javax. swing. BoxLayout;
import javax. swing. JFrame;
import javax. swing. JScrollPane;
import javax. swing. JTextArea;
import javax. swing. JTextField;
import javax. swing. text. Document;
public class ShareModel
{
  public static void main(String args[])
```

```
{
    JFrame frame = new JFrame("Sharing Sample");
    frame.setDefaultCloseOperation(JFrame.EXIT_ON_CLOSE);
    JTextField textarea1 = new JTextField();
    Document document = textarea1.getDocument();
    JTextArea textarea2 = new JTextArea(document);
    JTextArea textarea3 = new JTextArea(document);
    frame.setLayout(new BoxLayout(frame.getContentPane(), BoxLayout.Y_AXIS));
    frame.add(new JScrollPane(textarea1));
    frame.add(new JScrollPane(textarea2));
    frame.add(new JScrollPane(textarea3));
    frame.setSize(300, 400);
    frame.setVisible(true);
    }
}
```

4.5.3 菜单

菜单是 Swing 客户端程序的一个重要组件。窗体菜单大致由菜单栏(JMenuBar)、菜单(JMenu)和菜单项(JMenuItem)三部分组成,对于一个窗体,首先要添加一个 JMenuBar,然后在 JMenuBar 中添加 JMenu,在 JMenu 中添加 JMenuItem。JMenuItem 是最小单元,它不能再添加 Jmenu 或 JMenuItem。

1. 菜单栏(JMenuBar)

JMenuBar 的构造方法是 JMenuBar(),相当简单。在构造之后,还要将它设置成窗口的菜单条,这里要用 setJMenuBar 方法:

JMenuBar TestJMenuBar=new JMenuBar();

TestFrame.setJMenuBar(TestJMenuBar);

需要说明的是:JMenuBar 类根据 JMenu 添加的顺序从左到右显示,并建立整数索引。

2. 菜单(JMenu)

在添加完菜单条后,并不会显示任何菜单,所以还需要在菜单条中添加菜单。菜单JMenu 类的构造方法有 4 种:

(1)JMenu():构造一个空菜单。

(2)JMenu(Action a):构造一个菜单,菜单属性由相应的动作来提供。

(3)JMenu(String s):用给定的标志构造一个菜单。

(4)JMenu(String s,Boolean b):用给定的标志构造一个菜单,如果布尔值为 false,那么当释放鼠标按钮后,菜单项会消失;如果布尔值为 true,那么当释放鼠标按钮后,菜单项仍将显示。在构造完后,使用 JMenuBar 类的 add 方法添加到菜单条中。

3. 菜单项(JmenuItem)

接下来的工作是向菜单中添加内容。在菜单中可以添加不同的内容,可以是菜单项

(JMenuItem)，可以是一个子菜单，也可以是分隔符。

子菜单的添加是直接将一个子菜单添加到母菜单中，而分隔符的添加只需要将分隔符作为菜单项添加到菜单中

下面通过一个例子来说明菜单的用法，本例程序的初次运行结果如图 4-20～图 4-22 所示。

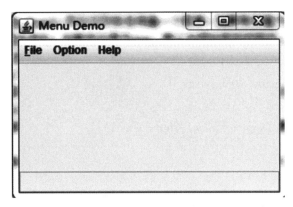

图 4-20　首次运行出现的菜单界面

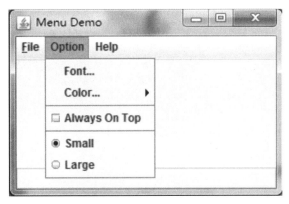

图 4-21　单击 Option 菜单出现的界面

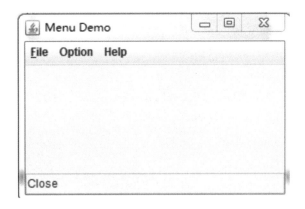

图 4-22　单击 File 菜单下的 Close 菜单项出现的界面

上述程序的代码如下：

```java
import java.awt.*;
import java.awt.event.*;
import javax.swing.*;
public class JMenuDemo implements ItemListener,ActionListener
{
  JFrame frame = new JFrame("菜单示例");
  JTextField tf = new JTextField();
  public static void main(String args[])
  {
    JMenuDemo menuDemo = newJ MenuDemo();
    menuDemo.go();
  }
  public void go()
  {
    JMenuBar menubar = new JMenuBar();                    //菜单栏
    frame.setJMenuBar(menubar);
    JMenu menu,submenu;                                   //菜单和子菜单
    JMenuItem menuItem;                                   //菜单项
    // 建立 File 菜单
    menu = new JMenu("File");
    menu.setMnemonic(KeyEvent.VK_F);
    menubar.add(menu);
    //File 中的菜单项
    menuItem = new JMenuItem("Open…");
    menuItem.setMnemonic(KeyEvent.VK_O);                  //设置快捷键
    menuItem.setAccelerator(KeyStroke.getKeyStroke(
    KeyEvent.VK_1, ActionEvent.ALT_MASK));               //设置加速键
    menuItem.addActionListener(this);
    menu.add(menuItem);
    menuItem = new JMenuItem("Save",KeyEvent.VK_S);
    menuItem.addActionListener(this);
    menuItem.setEnabled(false);                           //设置为不可用
    menu.add(menuItem);
    menuItem = new JMenuItem("Close");
    menuItem.setMnemonic(KeyEvent.VK_C);
    menuItem.addActionListener(this);
```

```
menu. add(menuItem);
menu. add(new JSeparator());                          //加入分隔线
menuItem = new JMenuItem( "Exit" );
menuItem. setMnemonic(KeyEvent. VK_E);
menuItem. addActionListener(this);
menu. add(menuItem);
// 建立 Option 菜单
menu = new JMenu( "Option" );
menubar. add(menu);
//Option 中的菜单项
menu. add( "Font…" );
// 建立子菜单
submenu = new JMenu("Color…");
menu. add(submenu);
menuItem = new JMenuItem( "Foreground" );
menuItem. addActionListener(this);
menuItem. setAccelerator(KeyStroke. getKeyStroke(
KeyEvent. VK_2，ActionEvent. ALT_MASK));           //设置加速键
submenu. add(menuItem);
menuItem = new JMenuItem( "Background" );
menuItem. addActionListener(this);
menuItem. setAccelerator(KeyStroke. getKeyStroke(
KeyEvent. VK_3，ActionEvent. ALT_MASK));           //设置加速键
submenu. add(menuItem);
menu. addSeparator();                                 //加入分隔线
JCheckBoxMenuItem cm = new JCheckBoxMenuItem("Always On Top");
cm. addItemListener(this);
menu. add(cm);
menu. addSeparator();
JRadioButtonMenuItem rm = new JRadioButtonMenuItem("Small",true);
rm. addItemListener(this);
menu. add(rm);
ButtonGroup group = new ButtonGroup();
group. add(rm);
rm = new JRadioButtonMenuItem("Large");
rm. addItemListener(this);
menu. add(rm);
group. add(rm);
// 建立 Help 菜单
```

```
menu = new JMenu( "Help" );
menubar. add(menu);
menuItem = new JMenuItem( "about…" ,new ImageIcon("dukeWaveRed. gif"));
menuItem. addActionListener(this);
menu. add(menuItem);
tf. setEditable(false);                              //设置为不可编辑的
Container cp = frame. getContentPane();
cp. add(tf,BorderLayout. SOUTH);
frame. setDefaultCloseOperation(JFrame. EXIT_ON_CLOSE);
frame. setSize(300,200);
frame. setVisible(true);
}
// 实现 ItemListener 接口中的方法
public void itemStateChanged(ItemEvent e)
{
int state = e. getStateChange();
JMenuItem amenuItem = (JMenuItem)e. getSource();
String command = amenuItem. getText();
if (state==ItemEvent. SELECTED)
  tf. setText(command+" SELECTED");
else
  tf. setText(command+" DESELECTED");
 }
}
// 实现 ActionListener 接口中的方法
public void actionPerformed(ActionEvent e)
{
tf. setText(e. getActionCommand());
if (e. getActionCommand()=="Exit")
 {
  System. exit(0);
 }
 }
}
```

4.5.4　Java 基本绘图

    Java 中绘制基本图形,可以使用 Java 类库中的 Graphics 类,此类位于 java. awt 包中。
Java 程序文件中,要使用 Graphics 类就需要使用 import java. awt. Graphics 语句,将 Graphics

类导入进来。Graphics 类提供基本的几何图形绘制方法,主要有:画线段、画矩形、画圆、画带颜色的图形、画椭圆、画圆弧、画多边形等。本项目仅用到画直线的功能,其他图形绘制请查阅 Java API。

Graphics 类的画直线方法如下:

drawLine(int x1,int y1,int x2,int y2);

此方法的功能是:在此图形上下文的坐标系中,使用当前颜色在点(x1,y1)和点(x2,y2)之间画一条线。

这里需要理解几个概念:

(1)图形上下文:通俗点讲,就是画图环境。每个窗口构件(如主窗口、按钮等),都有一个自己的图形上下文对象,就是使用这个对象来实现在构件上画图。这个对象就是 Graphics 对象。

(2)如何获得图形上下文:要在哪个构件上绘图,就调用哪个构件的 getGraphics()方法,即可获得该构件的图形上下文对象,然后使用这个对象绘图。

(3)Java 坐标系:Java 的坐标原点(0,0)位于屏幕的左上角,坐标度量以像素为单位,水平向右为 x 轴的正方向,竖直向下为 y 轴的正方向,每个坐标点的值表示屏幕上的一个像素点的位置,所有坐标点的值都取整数,如图 4-23 所示。

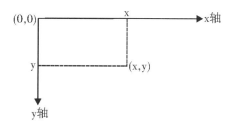

图 4-23　Java 坐标系

下面通过一个例子来说明 Java 绘图的简单用法,本例程序的运行结果如图 4-24 所示。

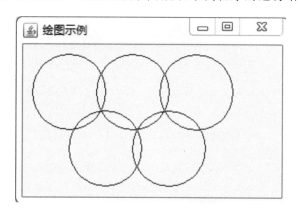

图 4-24　Java 绘图示例

上述程序的代码如下：

```java
import java.awt.Graphics;
import javax.swing.JFrame;
import javax.swing.JPanel;
public class DrawCircle extends JFrame
{
  private final int OVAL_WIDTH=80;                //圆形的宽
  private final int OVAL_HEIGHT=80;               //圆形的高
  public DrawCircle()
  {
    super();
    initialize();          //调用初始化方法
  }
  //初始化方法
  private void initialize()
  {
    this.setSize(300,200);          //设置窗体的大小
    setDefaultCloseOperation(JFrame.EXIT_ON_CLOSE);      //设置窗体的关闭方式
    setContentPane(new DrawPanel());        //设置窗体面板为绘图面板对象
    this.setTitle("绘图示例");            //设置窗体标题
  }
  class DrawPanel extends JPanel
  {
    public void paint(Graphics g)
    {
      super.paint(g);
      g.drawOval(10,10,OVAL_WIDTH,OVAL_HEIGHT);        //绘制第1个圆形
      g.drawOval(80,10,OVAL_WIDTH,OVAL_HEIGHT);        //绘制第2个圆形
      g.drawOval(150,10,OVAL_WIDTH,OVAL_HEIGHT);       //绘制第3个圆形
      g.drawOval(50,70,OVAL_WIDTH,OVAL_HEIGHT);        //绘制第4个圆形
      g.drawOval(120,70,OVAL_WIDTH,OVAL_HEIGHT);       //绘制第5个圆形
    }
  }
  public static void main(String[] args)
  {
    // TODO Auto-generated method stub
    DrawCircle dc=new DrawCircle();            //初始化对象且调用构造方法
```

```
dc.setVisible(true);//窗体可视化
    }
}
```

本章小结

本章主要介绍 Java 图形界面设计所涉及的 AWT 和 Swing 的使用,其中对布局管理器的用法以及 Java 的事件机制做了详细的介绍,介绍了一些常用的 Swing 组件的用法,以及 Java 基本绘图技巧。通过本章的学习,要明确了解布局管理器在图形界面设计中的重要作用,重点掌握几种常见的布局管理器的使用,以及事件机制的具体实现,并掌握 Java 的基本绘图在实际应用中的使用。

习　题

4.1　Java 图形用户界面中 AWT 和 Swing 有什么不同?

4.2　Java 布局管理器的作用?列举几个常用的布局管理器类及用法。

4.3　编写一个 JFrame,添加两个标签、一个文本框、一个文本区和一个按钮。

4.4　为第 3 题的 JFrame 添加事件处理功能。要求在文本框中输入字符串,当按下回车键或单击按钮时,可将字符串显示在文本区中。

4.5　编写一个 JFrame,添加两个标签"喜欢的城市"和"平时喜欢的活动"、一个选项框(北京、上海、武汉、南京)、一个列表框(听音乐、看电视、看电影、看小说、打球)。

4.6　为第 5 题的 JFrame 添加事件处理功能。要求在选项框或列表框选择一个选项,选择的名称分别通过两个标签显示出来。

第 5 章

输入/输出流

本章要点

- 输入输出流与缓冲流。
- 字节流与字符流。
- 文件读写。

输入输出(I/O)是指程序与外部设备或其他计算机进行交互的操作。几乎所有的程序都具有输入与输出操作,如从键盘上读取数据,从本地或网络上的文件读取数据或写入数据等。通过输入和输出操作可以从外界接收信息,或者是把信息传递给外界。Java 把这些输入与输出操作用流来实现,通过统一的接口来表示,从而使程序设计更为简单。在 Java 中,用 java.io 包来管理所有与输入和输出有关的类与接口。其中有 5 个重要的类分别是:InputStream、OutStream、Reader、Writer 和 File 类,几乎所有的输入输出类都是继承这 5 个类而来的。

5.1　输入输出基本概念

5.1.1　流的概念

流(Stream)是指在计算机的输入输出操作中各部件之间的数据流动。按照数据的传输方向,流可分为输入流与输出流。Java 语言里的流序列中的数据,既可以是未经加工的原始二进制数据,也可以是经过一定编码处理后符合某种特定格式的数据。

1. 输入输出流

在 Java 中,把不同类型的输入输出源抽象为流,其中输入和输出的数据称为数据流(Data Stream)。数据流是 Java 程序发送和接收数据的一个通道,数据流中包括输入流(Input Stream)和输出流(Output Stream)。通常应用程序中使用输入流读出数据,输出流写入数据。

流式输入、输出的特点是数据的获取和发送均沿数据序列顺序进行。相对于程序来说,输出流是向存储介质或数据通道中写入数据,而输入流是从存储介质或数据通道中读取数据,一般来说关于流的特性有下面几点:

(1)先进先出,最先写入输出流的数据最先被输入流读取到。

(2)顺序存取,可以一个接一个地往流中写入一串字节,读出时也将按写入顺序读取一串字节,不能随机访问中间的数据。

(3)只读或只写,每个流只能是输入流或输出流的一种,不能同时具备两个功能,在一个数据传输通道中,如果既要写入数据,又要读取数据,则要分别提供两个流。

2.缓冲流

为了提高数据的传输效率,引入了缓冲流(Buffered Stream)的概念,即为一个流配备一个缓冲区(Buffer),一个缓冲区就是专门用于传送数据的一块内存。当向一个缓冲流写入数据时,系统将数据发送到缓冲区,而不是直接发送到外部设备。缓冲区自动记录数据,当缓冲区满时,系统将数据全部发送到相应的外部设备。当从一个缓冲流中读取数据时,系统实际是从缓冲区中读取数据,当缓冲区为空时,系统就会从相关外部设备自动读取数据,并读取尽可能多的数据填满缓冲区。

使用数据流来处理输入输出的目的是使程序的输入输出操作独立于相关设备,由于程序不需关注具体设备实现的细节,所以对于各种输入输出设备,只要针对流做处理即可,不需修改源程序,从而增强了程序的可移植性。

5.1.2 输入输出流类概述

为了方便流的处理,Java 语言提供了 java.io 包,在该包中的每一个类都代表了一种特定的输入或输出流。为了使用这些流类,编程时需要引入这个包。

Java 提供了两种类型的输入输出流:一种是面向字节的流,数据的处理以字节为基本单位;另一种是面向字符的流,用于字符数据的处理。字节流(Byte Stream)每次读写 8 位二进制数,也称为二进制字节流或位流。字符流一次读写 16 位二进制数,并将其做一个字符而不是二进制位来处理。需要说明的是,为满足字符的国际化表示,Java 语言的字符编码采用的是 16 位的 Unicode 码,而普通文本文件中采用的是 8 位 ASCⅡ码。

java.io 中类的层次结构如图 5-1 所示。

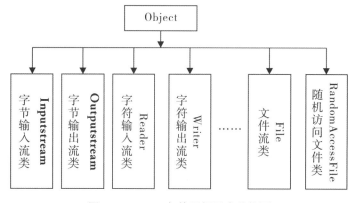

图 5-1 java.io 包的顶级层次结构图

针对一些频繁的设备交互,Java 语言系统预定了 3 个可以直接使用的流对象,分别是:

(1)System.in(标准输入):通常代表键盘输入。

(2)System.out(标准输出):通常代表输出到屏幕。

(3)System.err(标准错误输出):只能输出到屏幕。

在 Java 语言中,使用字节流和字符流的步骤基本相同,以输入流为例,首先创建一个与数据源相关的流对象,然后利用流对象的方法从流输入数据,最后执行 close()方法关闭流。

5.2 字节流

5.2.1 InputStream

InputStream 是所有字节输入流的父类,其类层次结构如图 5-2 所示。在 InputStream 类中包含的每个方法都会被所有字节输入流类继承,通过将读取以及操作数据的基本方法都声明在 InputStream 类内部,使每个子类根据需要覆盖对应的方法,表 5-1 列出了其中常用的方法及说明。

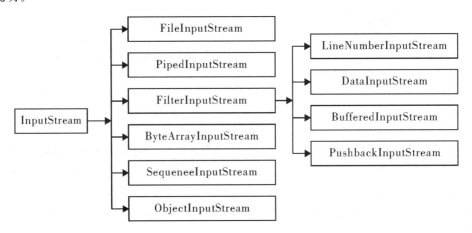

图 5-2　InputStream 的类层次结构图

表 5-1　InputStream 的常用方法

方法声明	功能描述
int read()	从输入流中当前位置读入一个字节的二进制数据,把它转换为 0～255 的整数,并返回这一整数,若输入流中当前位置没有数据,则返回—1
int read(byte b[])	从输入流中的当前位置连续读入多个字节保存在数组中,并返回所读取的字节数
int read(byte b[], int off, int len)	从输入流中当前位置连续读 len 长的字节,从数组第 off+1 个元素位置处开始存放,并返回所读取的字节数
void close()	关闭输入流

默认情况下,对于输入流内部数据的读取都是单向的,也就是只能从输入流从前向后读,已经读取的数据将从输入流内部删除掉。如果需要重复读取流中同一段内容,则需要使用流类中的 mark 方法进行标记,然后才能重复读取。

5.2.2　OutputStream

OutputStream 是所有的字节输出流的父类,其类层次结构如图 5-3 所示。在实际使用时,一般使用该类的子类进行编程,但是该类内部的方法是实现字节输出流的基础,表 5-2 列出了其中常用的方法及说明。

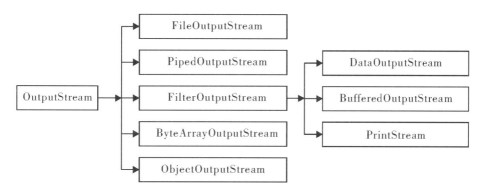

图 5-3　OutputStream 的类层次结构图

表 5-2　OutputStream 的常用方法

方法声明	功能描述
void write(int b)	将参数 b 的低位字节写入输出流
void write(byte b[])	按顺序将数组 b[]中的全部字节写入输出流
void write(byte b[], int off, int len)	从按顺序将数组 b[]中第 off＋1 个元素开始的 len 个数据写入输出流
void close()	关闭输出流

输出流类负责把对应的数据写入数据源中,在写数据时,进行的操作分两步实现:第一步,将需要输出的数据写入流对象中,数据的格式由程序员进行设定,该步骤需要编写代码实现;第二步,将流中的数据输出到数据源中,该步骤由 API 实现,程序员不需要了解内部实现的细节,只需要构造对应的流对象即可。

在实际写入流时,流内部会保留一个缓冲区,会将程序员写入流对象的数据首先暂存起来,然后在缓冲区满时将数据输出到数据源。当然,当流关闭时,输出流内部的数据会被强制输出。

字节输出流中数据的单位是字节,在将数据写入流时,一般情况下需要将数据转换为字节数组进行写入。

5.2.3　字节流读写文件

由于计算机中的数据基本都保存在硬盘的文件中,因此操作文件中的数据是一种很常见的操作。在操作文件时,最常见的操作就是从文件中读取数据并将数据写入文件,即文件的读写。针对文件的读写,JDK 专门提供了两个类,分别是 FileInputStream 和 FileOutputStream,从上面的类层次结构图可知,FileInputStream 是 InputStream 的子类,FileOutputStream 是 OutputStream 的子类。以下通过一个例子说明文件内容的复制。

【例 5.1】字节流文件复制。

```java
//filename：Example_0501.java
//字节流文件复制
import java.io.*
class Example_0501
{
 public static void main(String[] args)
 {
  try
  {
   //使用 FileInputStream 和 FileOutputStream 进行文件复制
   //创建一个文件字节输入流,用于读取当前目录下的 a.txt
   FileInputStream fis＝new FileInputStream("src.txt");
   //创建一个文件字节输出流,用于将读取的数据写入当前目录下的 b.txt
   FileOutputStream fos＝new FileOutputStream("des.txt");
   int b;
   //读取一个字节并判断是否读到文件末尾
   while((b＝fis.read())！＝－1)
   {
    fos.write(b); //将读到的字节写入文件
   }
   fis.close();
   fos.close();
  }
  catch (IOException e)
  {
   e.printStackTrace();
  }
 }
```

　　}

　　}

　　例 5.1 虽然实现了文件的复制,但是一个字节一个字节地读写,需要频繁地操作文件,效率非常低,因此可以定义一个字节数组作为缓冲区,一次性读取多个字节的数据,并保存到字节数组中,然后将字节数组中的数据一次性输入文件。

5.3　字符流

5.3.1　Reader

　　字符输入流体系是对字节输入流体系的升级,在子类的功能实现上基本和字节输入流体系中的子类一一对应,但是由于字符输入流内部设计方式的不同,使得字符输入流的执行效率要比字节输入流体系高一些,在遇到类似功能的类时,可以优先选择使用字符输入流体系中的类,从而提高程序的执行效率。

　　面向字符的输入流类都是 Reader 的子类,其类层次结构如图 5-4 所示,表 5-3 列出了其中常用的方法及说明。

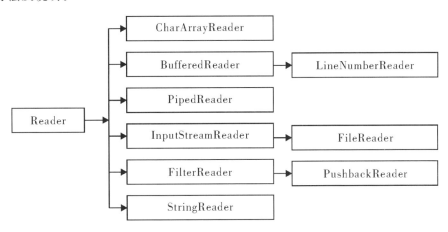

图 5-4　Reader 的类层次结构图

表 5-3　Reader 的常用方法

方法声明	功能描述
int read()	从输入流中读取一个字符
int read(char[] ch)	从输入流中读取字符数组
int read(char[] ch)	从输入流中读 len 长的字符到 ch 内
void close()	关闭输入流

5.3.2 Writer

字符输出流体系是对字节输出流体系的升级,在子类的功能实现上基本上和字节输出流保持一一对应。但由于该体系中的类设计得比较晚,所以该体系中的类执行的效率要比字节输出流中对应的类效率高一些。在遇到类似功能的类时,可以优先选择使用该体系中的类进行使用,从而提高程序的执行效率。

Writer 体系中的类和 OutputStream 体系中的类,在功能上是一致的,最大的区别就是 Writer 体系中的类写入数据的单位是字符(char),也就是每次最少写入一个字符(两个字节)的数据,在 Writer 体系中的写数据的方法都以字符作为最基本的操作单位。

面向字符的输出流都是类 Writer 的子类,其类层次结构如图 5-5 所示,表 5-4 列出了其中常用的方法及说明。

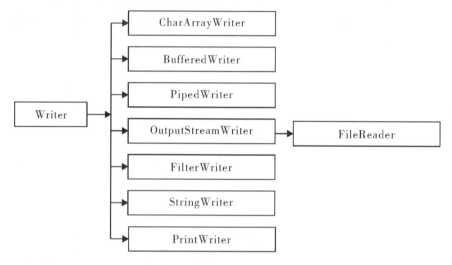

图 5-5　Writer 的类层次结构图

表 5-4　Writer 的常用方法

方法声明	功能描述
void write(int c)	将单一字符 c 输出到流中
void writer(String str)	将字符串 str 输出到流中
void writer(char[] ch)	将字符数组 ch 输出到流中
void writer(char[] ch, int offset, int length)	将一个数组内自 offset 起到 length 长的字符输出到流
void close()	关闭输出流

5.3.3 字符流读写文件

如果想从文件中直接读到字符,可以使用字符输入流 FileReader,通过此流可以从关联文件中读取一个或一组字符,当然也可以使用 FileWrite 向文件中写入字符。字符流提供了带缓冲区的流分别是 BufferedReader 和 BufferedWriter,以下通过一个例子说明文件内容的复制。

【例 5.2】字符流文件复制。

```java
//filename：Example_0502.java
//字符流文件复制
import java.io. *
class Example_0502
{
 / * *
   * 首先创建读取字符数据流对象关联所要复制的文件。
   * 创建缓冲区对象关联流对象。
   * 从缓冲区中将字符创建并写入要目的文件中。
 * /
 public static void main(String[] args) throws IOException
 {
  FileReader fr = new FileReader("src.txt");
  FileWriter fw = new FileWriter("des.txt");
  BufferedReader bufr = new BufferedReader(fr);
  BufferedWriter bufw = new BufferedWriter(fw);
  //一行一行地写。
  String line = null;
  while((line = bufr.readLine()) ! = null)
  {
   bufw.write(line);
   bufw.newLine();
   bufw.flush();
  }
  bufr.close();
  bufw.close();
 }
}
```

本章小结

在实际使用 IO 类时,根据逻辑上的需要,挑选对应体系中的类进行实际的使用,从而实现程序中 IO 的相关功能。熟悉了 IO 类的体系以后,就可以首先熟悉基本的 IO 类的使用,然后,再按照 IO 类体系中相关类的使用方式,逐步去了解相关的 IO 类的使用,从而逐步熟悉

java. io包中类的使用,然后再掌握 IO 编程。在实际使用时,一般都使用这 4 个类中对应的子类,每个子类完成相关的功能。

通常输入输出类进行 IO 操作的步骤:(1)声明输入输出类的引用变量;(2)创建输入输出类的对象,使输入输出类对象与特定的外设进行连接;(3)调用输入输出类对象的 read/write/print 等方法,实现输入输出操作;(4)操作完毕之后,关闭输入输出流。

注意:创建对象、IO、关闭流时都可能产生异常,应该放到 try/catch 块中,来处理可能发生的异常情况。

习 题

5.1 Java 中有几种类型的流? JDK 为每种类型的流提供了一些抽象类以供继承,请说出它们分别是哪些类?

5.2 编写一个文件复制的程序,将文件 C:\test1. txt 的内容复制到 C:\test2. txt 中。

5.3 编写一个程序,类名为 WordCount,统计单词"hello"在一篇英文文章(保存在文件 article. txt)中出现的次数,要求统计时忽略单词的大小写,统计结果在屏幕上打印出来的格式为:单词＊＊＊在文章＊＊＊中出现的次数为:10。

5.4 编写一个 Java 程序 ReadFileContent. java,读取当前目录下的 Test. txt 文件内容(内容含有中文字),将该文件的内容按行读取出来,并在每行前面加上行号后,写入当前目录的 myTest. txt 文件中。

第 6 章

多线程

 本章要点

- 多线程与线程创建。
- Thread 类与 Runnable 接口。
- 线程的生命周期。

Java 语言的一个重要特点是内在支持多线程的程序设计。多线程是指在单个的程序内可以同时运行多个不同的线程完成不同的任务。多线程的程序设计具有广泛的应用。本章主要讲授线程的概念、如何创建多线程的程序、线程的生存周期与状态的改变、线程的同步与互斥等内容。

6.1　线程概述

线程的概念来源于计算机的操作系统的进程的概念。进程是一个程序关于某个数据集的一次运行。也就是说，进程是运行中的程序，是程序的一次运行活动。

线程和进程的相似之处在于，线程和运行的程序都是单个顺序控制流。有些教材将线程称为轻量级进程（light weight process）。线程被看作是轻量级进程是因为它运行在一个程序的上下文内，并利用分配给程序的资源和环境。

作为单个顺序控制流，线程必须在运行的程序中得到自己运行的资源，如必须有自己的执行栈和程序计数器。线程内运行的代码只能在该上下文内。因此还有些教程将执行上下文（execution context）作为线程的同义词。

所有的程序员都熟悉顺序程序的编写，如编写的名称排序和求素数的程序就是顺序程序。顺序程序都有开始、执行序列和结束，在程序执行的任何时刻，只有一个执行点。线程（thread）则是进程中的一个单个的顺序控制流。

和其他多数计算机语言不同，Java 内置支持多线程编程（multithreaded programming）。多线程程序包含两条或两条以上并发运行的部分。程序中每个这样的部分都称为一个线程（thread），每个线程都有独立的执行路径。因此，多线程是多任务处理的一种特殊形式。

有些程序中需要多个控制流并行执行。例如：

```
for(int i = 0; i < 100; i++)
    System. out. println("Runner A = " + i);
for(int j = 0; j < 100; j++ )
    System. out. println("Runner B = "+j);
```

上面的代码段中,在只支持单线程的语言中,前一个循环不执行完不可能执行第二个循环。要使两个循环同时执行,需要编写多线程的程序。

多线程帮助你写出 CPU 最大利用率的高效程序,因为空闲时间保持最低。这对 Java 运行的交互式的网络互连环境是至关重要的,因为空闲时间是公共的。举个例子来说,网络的数据传输速率远低于计算机处理能力,本地文件系统资源的读写速度远低于 CPU 的处理能力,当然,用户输入也比计算机慢很多。在传统的单线程环境中,你的程序必须等待每一个这样的任务完成以后,才能执行下一步——尽管 CPU 有很多空闲时间。多线程使你能够获得并充分利用这些空闲时间。很多应用程序是用多线程实现的,如 Hot Java Web 浏览器就是多线程应用的例子。在 Hot Java 浏览器中,你可以一边滚动屏幕,一边下载 Applet 或图像,可以同时播放动画和声音等。

6.2　线程的创建

6.2.1　Thread 类与 Runnable 接口

多线程是一个程序中可以有多段代码同时运行,那么这些代码写在哪里,如何创建线程对象呢?

首先来看 Java 语言实现多线程编程的类和接口。在 java. lang 包中定义了 Runnable 接口和 Thread 类。

Runnable 接口中只定义了一个方法,它的格式为:

public abstract void run()

这个方法要由实现了 Runnable 接口的类实现。Runnable 对象称为可运行对象,一个线程的运行就是执行该对象的 run()方法。

Thread 类实现了 Runnable 接口,因此 Thread 对象也是可运行对象。同时 Thread 类也是线程类,该类的构造方法如下:

(1)public Thread()

(2)public Thread(Runnable target)

(3)public Thread(String name)

(4)public Thread(Runnable target,String name)

(5)public Thread(ThreadGroup group,Runnable target)

(6)public Thread(ThreadGroup group,String name)

（7）public Thread(ThreadGroup group，Runnable target，String name)

target 为线程运行的目标对象,即线程调用 start()方法启动后,运行那个对象的 run()方法,该对象的类型为 Runnable,若没有指定目标对象,则以当前类对象为目标对象;name 为线程名,group 指定线程属于哪个线程组。

Thread 类的常用方法有:

（1）public static Thread currentThread():返回当前正在执行的线程对象的引用。

（2）public void setName(String name):设置线程名。

（3）public String getName():返回线程名。

（4）public static void sleep(long millis) throws InterruptedException

（5）public static void sleep(long millis，int nanos) throws InterruptedException

使当前正在执行的线程暂时停止执行指定的毫秒时间。指定时间过后,线程继续执行。该方法抛出 InterruptedException 异常,必须捕获。

（6）public void run():线程的线程体。

（7）public void start():由 JVM 调用线程的 run()方法,启动线程开始执行。

（8）public void setDaemon(boolean on):设置线程为 Daemon 线程。

（9）public boolean isDaemon():返回线程是否为 Daemon 线程。

（10）public static void yield():使当前执行的线程暂停执行,允许其他线程执行。

（11）public ThreadGroup getThreadGroup():返回该线程所属的线程组对象。

（12）public void interrupt():中断当前线程。

（13）public boolean isAlive():返回指定线程是否处于活动状态。

6.2.2　继承 Thread 类创建线程

通过继承 Thread 类,并覆盖 run()方法,这时就可以用该类的实例作为线程的目标对象。下面的程序定义了 SimpleThread 类,它继承了 Thread 类并覆盖了 run()方法。

【例 6.1】继承 Thread 类创建线程

```
//filename：Example_0601.java
//继承 Thread 类创建线程
public class SimpleThread extends Thread
{
 public void run()
 {
  while(true)
  {
   //通过死循环打印输出
   System. out. println(" SimpleThread 类的 run()方法正在运行");
  }
}
```

```
    }
  }
public class Example_0601
{
 public static void main(String args[])
 {
  SimpleThread t1 = new SimpleThread();      //创建线程 SimpleThread 的线程对象
  t1. start();//开启线程
  while(true)
  {
    //通过死循环打印输出
    System. out. println(" main 方法正在运行");
  }
 }
}
```

运行结果如图 6-1 所示。从运行结果可以看到,两个 while 循环中的打印语句轮流执行,说明该程序实现了多线程。单线程的程序在运行时,会按照代码的调用顺序执行,而在多线程中,main()方法和 SimpleThread 类的 run()方法,可以同时运行,互不影响,这正是单线程和多线程的区别。

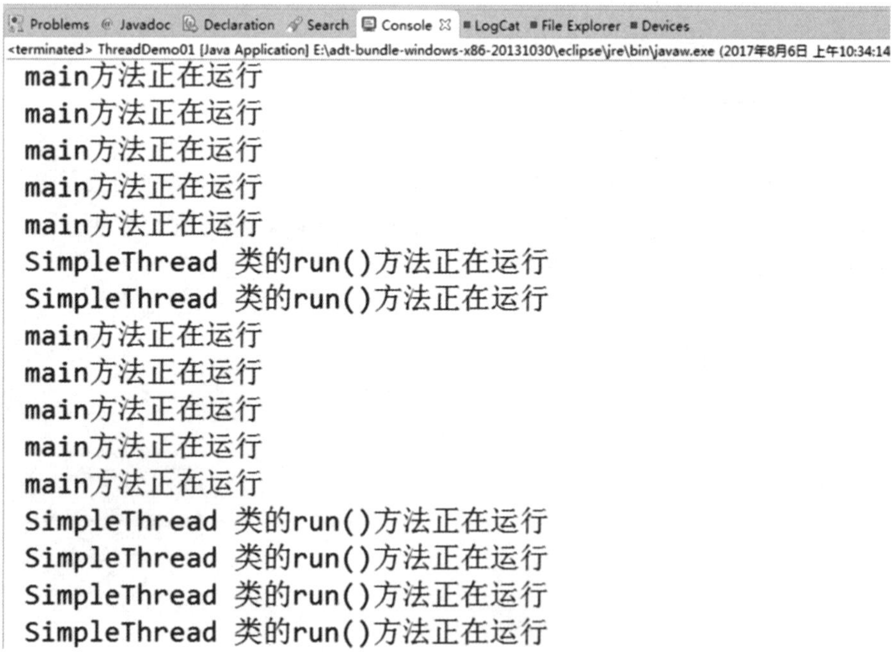

图 6-1　例 6.1 运行结果

6.2.3　实现 Runnable 接口创建线程

可以定义一个类实现 Runnable 接口,然后将该类对象作为线程的目标对象。实现 Runnable 接口就是实现 run( )方法。

下面程序通过实现 Runnable 接口构造线程体。

【例 6.2】实现 Runnable 接口创建线程

```
//filename：Example_0602.java
//实现 Runnable 接口创建线程
class SimpleThread implements Runnable
{
  public void run()
  {
    //线程的代码段,当调用 start()方法时,线程从此处开始执行
    while(true)
    {
      System.out.println(" SimpleThread 类的 run()方法正在运行");
    }
  }
}
public class Example_0602
{
  public static void main(String args[])
  {
    SimpleThread t1 = new SimpleThread();      //创建线程 SimpleThread 的实例对象
    Thread t2＝new Thread(t1);                  //创建线程对象
    t2.start();                                //开启线程
    while(true)
    {
      //通过死循环打印输出
      System.out.println(" main 方法正在运行");
    }
  }
}
```

运行结果基本上和图 6-1 类似。

6.2.4　两种实现多线程方式的对比分析

既然直接继承 Thread 类和实现 Runnable 接口都能实现多线程,那么这两种实现多线程的方式在应用上有什么区别呢? 接下来通过一种应用场景来分析。

假设某铁路售票厅有 4 个窗口可发售某日某次列车的 100 张车票,这时,100 张车票可以看作共享资源,一个售票窗口用一个线程表示,需要创建 4 个线程。

【例 6.3】通过继承 Thread 类的方式来实现多线程的创建。

```java
//filename：Example_0603.java
//通过继承 Thread 类的方式来实现多线程的创建
class TicketWindow extends Thread
{
  private int ticket = 100;
  public void run()
  {
    while(true)
    {
     if(ticket > 0)
     {
      System. out. println(Thread. currentThread(). getName() + "is saling ticket" +
           ticket--);
     }
     else
     {
      break;
     }
    }
  }
}
public class Example_0603
{
  public static void main(String[] args)
  {
    new TicketWindow ().start();      //创建第 1 个线程对象 TicketWindow,并开启
    new TicketWindow ().start();      //创建第 2 个线程对象 TicketWindow,并开启
    new TicketWindow ().start();      //创建第 3 个线程对象 TicketWindow,并开启
    new TicketWindow ().start();      //创建第 4 个线程对象 TicketWindow,并开启
```

```
      }
    }
```

运行结果如图 6-2 所示。从结果上看，每个票号都被打印了四次，即四个线程各自卖各自的 100 张票，而不去卖共同的 100 张票。这种情况是怎么造成的呢？需要说明的是，多个线程去处理同一个资源，一个资源只能对应一个对象，在上面的程序中，创建了四个 TicketWindow 对象，就等于创建了四个资源，每个资源都有 100 张票，每个线程都在独自处理各自的资源。

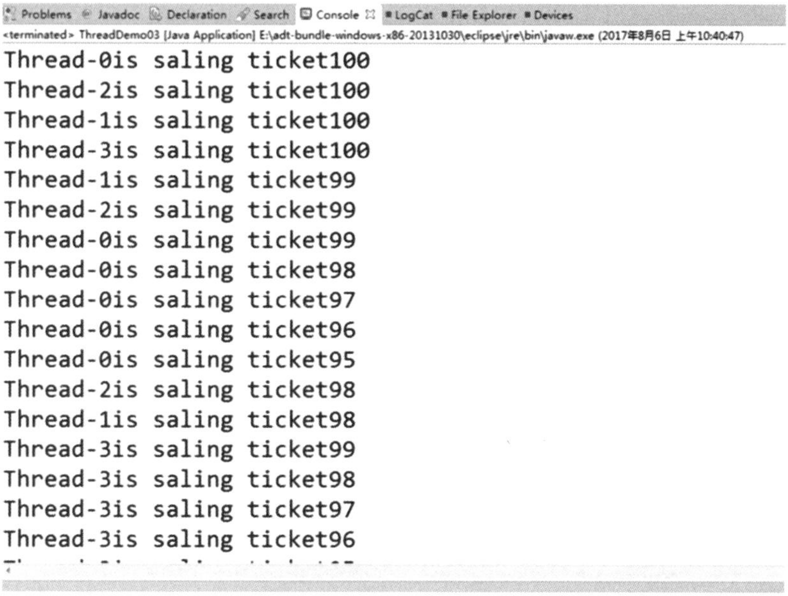

图 6-2　例 6.3 运行结果

【例 6.4】通过实现 Runnable 类的方式来实现多线程的创建。

```java
//filename：Example_0604.java
//通过实现 Runnable 类的方式来实现多线程的创建
class TicketWindow implements Runnable
{
  private int tickets = 100;
  public void run()
  {
    while(true)
    {
      if(tickets > 0)
      {
        System.out.println(Thread.currentThread().getName() + " is saling ticket " +
            tickets--);
      }
```

```
        }
      }
    }
public class Example_0604
{
  public static void main(String[] args)
  {
    TicketWindow task= new TicketWindow();          //创建线程的任务类对象
    new Thread(task,"窗口1").start();            //创建线程并起名为窗口1,并开启
    new Thread(task,"窗口2").start();            //创建线程并起名为窗口2,并开启
    new Thread(task,"窗口3").start();            //创建线程并起名为窗口3,并开启
    new Thread(task,"窗口4").start();            //创建线程并起名为窗口4,并开启
  }
}
```

运行结果如图 6-3 所示。上面的程序中,创建了四个线程,每个线程调用的是同一个
TicketWindow 对象中的 run()方法,访问的是同一个对象中的变量(tickets)的实例,这个程
序满足了设计的需求。在 Windows 上可以启动多个记事本程序,也就是多个进程使用同一个
记事本程序代码。

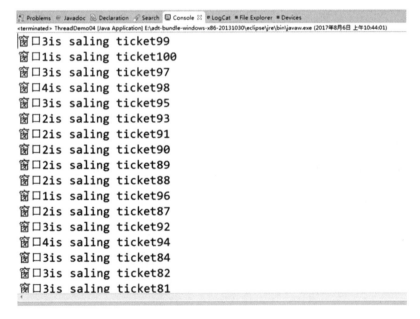

图 6-3 例 6.4 运行结果

可见,实现 Runnable 接口相对于继承 Thread 类来说,有如下显著的好处:

(1)适合多个相同程序代码的线程去处理同一资源的情况,把虚拟 CPU(线程)同程序的
代码、数据有效地分离,较好地体现了面向对象的设计思想。

（2）可以避免由于 Java 的单继承特性带来的局限。设计时经常碰到这样一种情况，即当要将已经继承了某一个类的子类放入多线程中，由于一个类不能同时有两个父类，所以不能用继承 Thread 类的方式，那么，这个类就只能采用实现 Runnable 接口的方式了。

（3）有利于程序的健壮性，代码能够被多个线程共享，代码与数据是独立的。当多个线程的执行代码来自同一个类的实例时，即称它们共享相同的代码。多个线程操作相同的数据，与它们的代码无关。当共享访问相同的对象时，即它们共享相同的数据。当线程被构造时，需要的代码和数据通过一个对象作为构造函数。实参传递进去，这个对象就是一个实现了 Runnable 接口的类的实例。

6.3 线程的生命周期及状态转换

6.3.1 线程的生命周期

线程从创建、运行到结束总是处于下面五个状态之一：新建状态、就绪状态、运行状态、阻塞状态及死亡状态。线程的状态如图 6-4 所示。

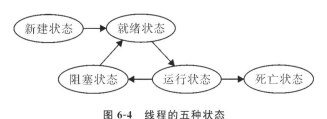

图 6-4 线程的五种状态

1. 新建状态（New Thread）

当 Applet 启动时，调用 Applet 的 start() 方法，此时小应用程序就创建一个 Thread 对象 clockThread。

```
public void start()
{
 if (clockThread == null)
 {
  clockThread = new Thread(cp, "Clock");
  clockThread. start();
 }
}
```

当该语句执行后，clockThread 就处于新建状态。处于该状态的线程仅是空的线程对象，并没有为其分配系统资源。当线程处于该状态，你仅能启动线程，调用任何其他方法是无意义的且会引发 IllegalThreadStateException 异常(实际上,当调用线程的状态所不允许的任何方法时,运行时系统都会引发 IllegalThreadStateException 异常)。

注意 cp 作为线程构造方法的第一个参数,该参数必须是实现了 Runnable 接口的对象并提供线程运行的 run()方法,第二个参数是线程名。

2. 就绪状态(Runnable)

一个新创建的线程并不自动开始运行,要执行线程,必须调用线程的 start()方法。当线程对象调用 start()方法,即启动了线程,如 clockThread. start();语句就是启动 clockThread 线程。start()方法创建线程运行的系统资源,并调度线程运行 run()方法。当 start()方法返回后,线程就处于就绪状态。

处于就绪状态的线程并不一定立即运行 run()方法,线程还必须同其他线程竞争 CPU 时间,只有获得 CPU 时间才可以运行线程。因为在单 CPU 的计算机系统中,不可能同时运行多个线程,一个时刻仅有一个线程处于运行状态。因此,此时可能有多个线程处于就绪状态。对多个处于就绪状态的线程是由 Java 运行时,系统的线程调度程序(thread scheduler)来调度的。

3. 运行状态(Running)

当线程获得 CPU 时间后,它才进入运行状态,真正开始执行 run()方法,这里 run()方法中是一个循环,循环条件是 true。

```
public void run()
{
  while (true)
  {
    repaint();
    try
    {
      Thread. sleep(1000);
    } catch (InterruptedException e){}
  }
}
```

4. 阻塞状态(Blocked)

线程运行过程中,可能由于各种原因进入阻塞状态。所谓阻塞状态是正在运行的线程没有运行结束,暂时让出 CPU,这时其他处于就绪状态的线程就可以获得 CPU 时间,进入运行状态。有关阻塞状态将在后面章节详细讨论。

5. 死亡状态(Dead)

线程的正常结束,即 run()方法返回,线程运行就结束了,此时线程就处于死亡状态。本例子中,线程运行结束的条件是 clockThread 为 null,而在小应用程序的 stop()方法中,将 clockThread 赋值为 null。即当用户离开含有该小应用程序的页面时,浏览器调用 stop()方法,将 clockThread 赋值为 null,这样在 run()的 while 循环时,条件就为 false,线程运行就结束了。如果再重新访问该页面,小应用程序的 start()方法又会被重新调用,重新创建并启动一个新的线程。

```
public void stop()
{
 clockThread = null;
}
```

程序不能像终止小应用程序那样,通过调用一个方法来结束线程(小应用程序通过调用 stop()方法,结束小应用程序的运行)。线程必须通过 run()方法的自然结束而结束。通常在 run()方法中是一个循环,要么是循环结束,要么是循环的条件不满足,这两种情况都可以使线程正常结束,进入死亡状态。

例如,下面一段代码是一个循环:

```
public void run()
{
 int i = 0;
 while(i<100)
 {
  i++;
  System. out. println("i = " + i);
 }
}
```

当该段代码循环结束后,线程就自然结束了。注意一个处于死亡状态的线程,不能再调用该线程的任何方法。

6.3.2　线程的优先级与调度

Java 的每个线程都有一个优先级,当有多个线程处于就绪状态时,线程调度程序根据线程的优先级调度线程运行。

可以用下面方法设置和返回线程的优先级。

public final void setPriority(int newPriority) 设置线程的优先级。

public final int getPriority() 返回线程的优先级。

newPriority 为线程的优先级,其取值为 1 到 10 之间的整数,也可以使用 Thread 类定义的常量来设置线程的优先级,这些常量分别为:Thread. MIN_PRIORITY、Thread. NORM_ PRIORITY、Thread. MAX_PRIORITY,它们分别对应于线程优先级的 1、5 和 10,数值越大优先级越高。当创建 Java 线程时,如果没有指定它的优先级,则它从创建该线程那里继承优先级。

一般来说,只有在当前线程停止或由于某种原因被阻塞,较低优先级的线程才有机会运行。

前面说过多个线程可并发运行,然而实际上并不总是这样。由于很多计算机都是单 CPU 的,所以一个时刻只能有一个线程运行,多个线程的并发运行只是幻觉。在单 CPU 机器上多个线程的执行是按照某种顺序执行的,这称为线程的调度(scheduling)。

大多数计算机仅有一个 CPU,所以线程必须与其他线程共享 CPU。多个线程在单 CPU 机器上是按照某种顺序执行的。实际的调度策略随系统的不同而不同,通常线程调度可以采用两种策略,调度处于就绪状态的线程。

6.3.3 线程状态的改变

一个线程在其生命周期中,可以从一种状态改变到另一种状态,线程状态的变迁如图 6-5 所示。

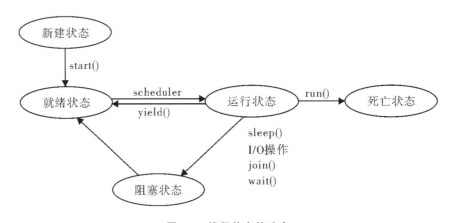

图 6-5 线程状态的改变

当一个新建的线程调用它的 start()方法后,即进入就绪状态,处于就绪状态的线程被线程调度程序选中,就可以获得 CPU 时间,进入运行状态,该线程就开始运行 run()方法。

控制线程的结束稍微复杂一点。如果线程的 run()方法是一个确定次数的循环,则循环结束后,线程运行就结束了,线程对象即进入死亡状态。如果 run()方法是一个不确定循环,早期的方法是调用线程对象的 stop()方法,然而由于该方法可能导致线程死锁,因此从 1.1 版开始,不推荐使用该方法结束线程。一般是通过设置一个标志变量,在程序中改变标志变量的值,实现结束线程。

处于运行状态的线程,除了可以进入死亡状态外,还可以进入就绪状态和阻塞状态。下面分别讨论这两种情况:

1.运行状态到就绪状态

处于运行状态的线程,如果调用了 yield()方法,那么它将放弃 CPU 时间,使当前正在运行的线程进入就绪状态。这时有几种可能的情况:如果没有其他的线程处于就绪状态等待运行,该线程会立即继续运行;如果有等待的线程,此时线程回到就绪状态与其他线程竞争 CPU

时间,当有比该线程优先级高的线程时,高优先级的线程进入运行状态,当没有比该线程优先级高的线程时,但有同优先级的线程,则由线程调度程序来决定哪个线程进入运行状态,因此线程调用 yield()方法,只能将 CPU 时间让给具有同优先级的或高优先级的线程,而不能让给低优先级的线程。

一般来说,在调用线程的 yield()方法,可以使耗时的线程暂停执行一段时间,使其他线程有执行的机会。

2.运行状态到阻塞状态

有多种原因可使当前运行的线程进入阻塞状态,进入阻塞状态的线程当相应的事件结束或条件满足时,进入就绪状态。使线程进入阻塞状态可能有多种原因:

(1)线程调用了 sleep()方法,线程进入睡眠状态,此时该线程停止执行一段时间。当时间到时,该线程回到就绪状态,与其他线程竞争 CPU 时间。

Thread 类中定义了一个 interrupt()方法。一个处于睡眠中的线程若调用了 interrupt()方法,该线程立即结束睡眠进入就绪状态。

(2)如果一个线程的运行需要进行 I/O 操作,比如,从键盘接收数据,这时程序可能需要等待用户的输入,如果该线程一直占用 CPU,其他线程就得不到运行。这种情况称为 I/O 阻塞。这时该线程就会离开运行状态而进入阻塞状态。Java 语言的所有 I/O 方法都具有这种行为。

(3)有时要求当前线程的执行,在另一个线程执行结束后再继续执行,这时可以调用 join()方法实现,join()方法有下面三种格式:

① public void join() throws InterruptedException 使当前线程暂停执行,等待调用该方法的线程结束后,再执行当前线程。

② public void join(long millis) throws InterruptedException 最多等待 millis 毫秒后,当前线程继续执行。

③ public void join(long millis, int nanos) throws InterruptedException 可以指定多少毫秒、多少纳秒后,继续执行当前线程。

上述方法使当前线程暂停执行,进入阻塞状态,当调用线程结束或指定的时间过后,当前线程进入就绪状态,例如执行下面代码:

t. join();

将使当前线程进入阻塞状态,当线程 t 执行结束后,当前线程才能继续执行。

(4)线程调用了 wait()方法,等待某个条件变量,此时该线程进入阻塞状态。直到被通知(调用了 notify()或 notifyAll()方法)结束等待后,线程回到就绪状态。

(5)另外,如果线程不能获得对象锁,也进入就绪状态。

 本章小结

Java 语言内在支持多线程的程序设计。线程是进程中的一个单个的顺序控制流,多线程是指单个程序内可以同时运行多个线程。

在 Java 程序中创建多线程的程序有两种方法。一种是继承 Thread 类并覆盖其 run()方

法,另一种是实现 Runnable 接口并实现其 run()方法。

线程从创建、运行到结束总是处于下面五个状态之一:新建状态、就绪状态、运行状态、阻塞状态及死亡状态。Java 的每个线程都有一个优先级,当有多个线程处于就绪状态时,线程调度程序根据线程的优先级调度线程运行。

 习　题

6.1　线程和进程有什么区别?

6.2　Java 创建线程的方式有哪些?

6.3　编写多线程应用程序,建立三个线程,A 线程打印 10 次 A,B 线程打印 10 次 B,C 线程打印 10 次 C,要求线程同时运行,交替打印 10 次 ABC。

6.4　编写多线程应用程序,模拟多个人通过一个山洞的模拟。这个山洞每次只能通过一个人,每个人通过山洞的时间为 5 秒,随机生成 10 个人,同时准备过此山洞,显示一下每次通过山洞人的姓名。

第 7 章

网络编程

 本章要点

- 网络编程基础知识
- InetAddress 类和 URL 类
- UDP 通信编程
- TCP 通信编程
- 网络编程综合实例

7.1　网络基础知识

如今,计算机网络已经成为人们日常生活的必需品,网络提供了大量、多样的信息。计算机网络实现了多个计算机互联系统,相互连接的计算机之间彼此能够进行数据交流。位于同一个网络中的计算机想实现彼此间的数据交流,必须通过编写网络程序来实现。接下来本章将介绍 Java 的网络编程知识。

7.1.1　TCP/IP 协议

在计算机网络中,实现计算机连接和通信的规则被称为网络通信协议,它对数据的传输格式、传输速率、传输步骤等做了统一规定,通信双方必须同时遵守才能完成数据交换。网络通信协议有很多种,TCP/IP 协议就是目前最主要的网络协议之一,它是编写网络应用程序的首要协议,大多数网络应用程序都以它为基础来实现数据交流。那如何正确理解 TCP/IP 协议呢? 网络应用程序又是如何在 TCP/IP 协议上工作呢?

计算机网络是一个非常复杂的系统,要想实现在这系统进行数据传送,必须对网络进行层次划分,将复杂的问题转化为多个小问题进行处理,目前层次划分最常用的模型就是 OSI 模型(开放式系统互连参考模型),如图 7-1 所示。在此模型中,计算机之间的数据传输问题被分为 7 个小问题,每个小问题对应此模型中的一层。每一层的主要功能分别为:

物理层(Physical Layer):它处于参考模型的最底层,主要是规定物理设备和物理媒体之间的接口技术、电气特性等,实现物理设备之间比特流的透明传输。

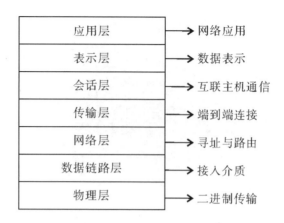

图 7-1　OSI 的七层参考模型图

数据链路层(Data Link Layer)：它负责在两个相邻结点间的物理线路上，无差错地传送以帧为单位的数据。

网络层(Network Layer)：它的任务就是选择合适的网间路由和交换点，确保数据及时传送。

传输层(Transport Layer)：它的任务是根据通信子网的特性最佳地利用网络资源，并以可靠和经济的方式，为两端系统的会话层之间提供建立、维护、取消传输连接的功能。

会话层(Session Layer)：它不参与具体的传输，仅提供包括访问验证和会话管理在内的建立和维护应用之间的通信机制。

表示层(Presentation Layer)：它主要解决传送信息的语法表示问题，提供格式化的表和转换数据服务。

应用层(Application Layer)：它确定了进程之间通信的性质，同时为满足用户需要提供网络与用户应用软件之间的接口服务。

数据传送过程：首先发送方的应用层为数据加上自己的报文，然后传给表示层，表示层又加上自己的报文，接着向下一层传送，并相应地加上每层的报文，最后到达物理层，在物理层上也加上自己的报文，并通过传输介质将数据以二进制比特流的方式传输出去。而接收方收到发送方的数据包以后，以相反的过程去掉各层的报文信息，并最终恢复成原始的数据。虽然OSI 参考模式只是一种规范，并不是现实的网络，但是确为网络协议的制定提供了重要的依据。

TCP/IP 模型的层次划分为 4 个层次，分别为应用层、传输层、网络层和链路层。每层分别负责不同的通信功能。

链路层：是用于定义物理传输通道，通常是对某些网络连接设备的驱动协议，例如，针对光纤、双绞线提供的驱动。

网络层：是整个 TCP/IP 协议的核心，它主要用于将传输的数据进行分组，将分组数据发送到目标计算机或者网络。

运输层：主要使网络程序进行通信，在进行网络通信时，可以采用 TCP 协议，也可以采用UDP 协议。

应用层：主要负责应用程序的协议，例如，HTTP 协议、FTP 协议等。

OSI 参考模型与 TCP/IP 的模型的对应关系如图 7-2 所示。

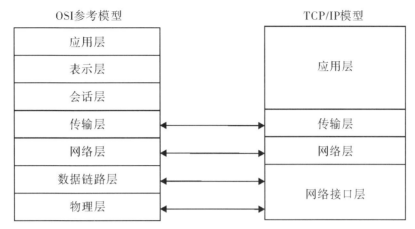

图 7-2　OSI 参考模型与 TCP/IP 的模型的对应关系图

7.1.2　UDP 协议与 TCP 协议

在 TCP/IP 协议中有两个高级协议是网络编程中经常用到的,它们就是"传输控制协议"(Transmission Control Protocol,简称 TCP)和"用户数据包协议"(User Datagram Protocol,简称 UDP)。

UDP 协议是面向非连接的用户数据包协议,所谓的"面向非连接"是指在正式通信前不必与对方先建立连接,不管对方状态如何直接发送数据。这与现在常见的手机短信非常相似。在发短信的时候,只需要输入对方手机号并将短信发出去就可以了,根本不用知道对方手机处于什么状态。

UDP 协议适用于可靠性要求不高的应用环境,或者根本不需要建立可靠连接的情况。因此 UDP 协议能够快速发送数据,降低系统连接时的消耗。例如,QQ 软件,用它进行视频聊天时,视频数据就是以 UDP 协议传输的,因为即使数据包丢失几个也不会影响正常的图像显示。

TCP 协议是面向连接的可靠的传输协议,所谓的"面向连接"是指在正式通信前,必须要与对方建立起连接,否则通信无法进行。比如给别人打电话,必须等线路接通过了,对方拿起话筒才能进行通话。可见这种连接是实时的,只有双方都在时才能通信。这种面向连接的协议,每次在正式收发数据之前,必须要经历三次对话,才能建立可靠的连接,其中的实际过程非常复杂,这里简单、形象地描述一下三次对话的过程。

第一次对话:主机 A 向主机 B 发出连接请求数据包。

第二次对话:主机 B 接到主机 A 的连接请求数据包后,向主机 A 发送同意连接和要求同步(同步就是两台主机一个在发送,一个在接收,协调工作)的数据包。

第三次对话:主机 A 接收到主机 B 的同意连接和要求同步数据包后,再发出一个数据包确认主机 B 的同步要求。

三次对话的目的就是使数据包的发送和接收同步,只有这样,主机 A 才能向主机 B 正式发送数据,否则,主机 A 到主机 B 的连接建立失败。

TCP 协议能为应用程序提供可靠的通信连接,使用一台计算机发出的字节流无差错地发往网络上的其他计算机,因此对可靠性要求高的数据通信系统往往使用 TCP 协议传输数据。

表 7-1 描述了 TCP 协议与 UDP 协议的差别。

表 7-1　TCP 协议与 UDP 协议的差别表

比较点	TCP 协议	UDP 协议
连接性质	面向连接	面向非连接
传输可靠性	可靠连接	不可靠连接
连接速度	慢	快
适用场合	需要无差错传输数据时	对数据丢失不敏感时

7.1.3　IP 地址与端口号

互联网上的计算机成千上万,为了区分每一台计算机,必须为其分配一个唯一的 Internet 地址,通过这个地址来指定要接收数据的计算机和识别发送数据的计算机,这个地址就是 IP 地址。目前,IP 地址广泛使用的版本是 IPv4,它是由 4 个字节大小的二进制数来表示,为了方便记忆和处理,通常会将 IP 地址写成十进制的形式,每个字节用一个十进制数字表示,数字范围为 0~255,数字之间用符号“.”分开,如:192.168.10.110。随着计算机网络规模不断扩大,对 IP 地址的需求越来越大。用 32 位表示的 IP 地址已经无法满足实际需要,因此 IPv6 产生了,IPv6 使用 16 个字节表示 IP 地址,它使拥有的地址容量是 2^{128} 个,这样就解决了网络地址资源不足的问题。

IP 地址只能保证数据传送到指定的某一台计算机上,如果要想把数据交给该计算机上运行的某个网络应用程序,还必须提供相应的端口号。端口号是一个 16 位的二进制数,通常用整数形式表示,范围为 0~65535。一个端口号对应了计算机上运行的一个应用程序,不同的应用程序接收不同的端口上发来的数据。需要注意的是,数值是 0~1023 的端口号用于系统指定的应用和服务,用户编写的应用程序应该使用数值在 1024 以上的端口号,这样可以避免和系统程序发生冲突。由于不同的端口号,可以区分到底将数据传送给哪一个应用程序,因此,同一个机器上不允许两个应用程序对应同一个端口号。图 7-3 描述了通过 IP 地址去访问另一台计算机,并通过端口号访问目标计算机中的某个应用程序。

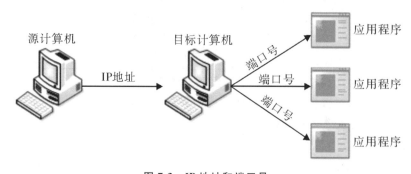

图 7-3　IP 地址和端口号

7.2　InetAddress 类与 URL 类

7.2.1　InetAddress 类

在 JDK 中提供了一个 InetAddress 类,该类用于标识网络上的硬件资源,它提供了一系列的方法,用来描述、获取及使用网络资源。表 7-2 列出 InetAddress 类的一些常用方法。

表 7-2　InetAddress 类的常用方法

方法声明	功能描述
InetAddress getByName(String host)	用于在给定主机名(host)的情况下,返回一个 InetAddress 实例
InetAddress getLocalHost()	返回一个本地主机的 InetAddress 实例
String getHostName()	返回 InetAddress 实例的主机名
String getHostAddress()	返回 InetAddress 实例的 IP 地址

需要注意的是:InetAddress 类没有构造方法,因此不能通过 new 来构造一个 InetAddress 对象。通常是通过它提供的静态方法 getByName(String host)来获取,其中 host 可以是一台机器名,也可以是一个 IP 地址或 DNS 域名。下面通过一个实例来演示 InetAddress 类的常用方法。

【例 7.1】通过 InetAddress 类获取本机 IP 地址和远程主机 IP 地址。

```java
//filename：Example_0701.java
import java.net. * ;
public class Example_0701
{
 public static void main(String[] args)
 {
  try{
   InetAddress localAddress＝InetAddress.getLocalHost();
   InetAddress remoteAddress＝InetAddress.getByName("www.nankai.edu.cn");
   System.out.println("本机的 IP 地址:"＋localAddress.getHostAddress());
   System.out.println("nankai 的 IP 地址:"＋remoteAddress.getHostAddress());
  }
  catch(UnknownHostException e)
  {
   e.printStackTrace();
  }
 }
}
```

运行结果：

本机的 IP 地址：192.168.0.103

nankai 的 IP 地址：221.238.246.99

需要说明的是：

(1)InetAddress 类没有构造方法，不能通过 new 关键字进行创建。

(2)可以通过 getLocalHost()或 getByName()等静态方法进行创建实例。

(3)getByName(String name)方法中，name 可以为机器名(如 " www.nankai.edu.cn ")，也可以是其 IP 地址的文本表示形式。

7.2.2　URL 类

URL 是 uniform resource locator(统一资源定位器)的缩写，它表示 Internet 上某一资源的地址。浏览器或其他程序通过解析给定的 URL，就可以在网络上查找相应的文件或其他资源。

一个 URL 包括两部分内容：协议内容和资源名称，中间用冒号隔开，如下所示：

Protocol：resourceName

协议名称是指获取资源时所使用的应用层协议，如 http、ftp、file 等，资源名称是资源的完整地址，包括主机名、端口号、文件名或文件内部的一个应用。

例如：http://www.nankai.edu.cn

在 Java 的网络类库中，URL 类为用 URL 在 Internet 上获取信息提供了一个简单的、简洁的用户编程接口(API)。

URL 对象是通过定义在 java.net 包中的 URL 类进行构造的，Java 的 URL 类有多个构造函数，每个都会引发一个 MalformedURLException 异常。最常见的构造函数是：

public URL(String spec)

这种构造函数最为直接，将整个 URL 的名称直接以字符串的形式作为参数传入。比如：

URL url1=new URL(http://www.nankai.edu.cn);

另外两个构造函数允许你把 URL 分裂成它的组成部分：

URL(String protocolName, String hostName, int port, String path)

URL(String protocolName, String hostName, String path)

其中，protocolName 为协议名，hostName 为主机名，port 为端口号，path 为路径。

在生成 URL 的对象之后，可以通过 URL 类所提供的方法来获取对象属性，表 7-3 中列出了 URL 类的常用方法。

表 7-3　URL 类的常用方法

方法	功能描述
String getProtocol()	获取传输协议
String getHost()	获取机器名称
String getPort()	获取通信端口号
String getFile()	获取资源文件名称

下面通过例 7.2 来演示如何通过 URL 来获取相关信息。

【例 7.2】通过 URL 类获取传输协议、机器名称、端口号、资源文件等。

```
//filename：Example_0702.java
import java.net.*;
public class Example_0702
{
  public static void main(String[] args)
  {
    try
    {
      URL hp = new URL("http://www.nankai.edu.cn/index.html");
      System.out.println("Protocol：" + hp.getProtocol());
      System.out.println("Port：" + hp.getPort());
      System.out.println("Host：" + hp.getHost());
      System.out.println("File：" + hp.getFile());
    }
    catch(MalformedException e)
    {
      e.printStackTrace();
    }
  }
}
```

运行结果：

Protocol：http

Port：-1

Host：www.nankai.edu.cn

File：/index.html

有时还需要获得 URL 的实际比特或内容信息,此时需要通过 openConnection()方法创建一个 URLConnection 对象,如下：

URL url＝new URL(http://www.nankai.edu.cn);

URLConnnetion uc＝url.openConnection();

需要说明的是,它可能引发 IOException 异常。下面通过例 7.3 来演示如何通过读取一个 URL 上的内容。

【例 7.3】通过 URL 和 URLConnetion 对象,结合 IO 数据流,将 URL 上的资源读出来。

```
//filename：Example_0703.java
import java.io.*;
import java.net.*;
```

```
public class Example_0703
{
  public static void main (String args[])
  {
    try
    {
      URL t = new URL("http://www.nankai.edu.cn");
      URLConnection uc = t.openConnection();
      BufferedReader in = new BufferedReader(
        new InputStreamReader(uc.getInputStream(),"utf-8"));
      String line;
      while((line = in.readLine()) ! = null )
      {
        System.out.println(line);
      }
      in.close();
    }
    catch(Exception e)
    {
      System.out.println(e);
    }
  }
}
```

运行结果：

在控制台上输出 http://www.nankai.edu.cn 的网页内容。

通过程序可知,用 new 关键字创建一个 URL 类,通过调用 openConnection()方法创建一个 URLConnection 类,再通过 IO 数据流操作完成读操作。需要说明的是,在读取时,注意编码方式。

7.3 UDP 通信编程

UDP 协议是面向无连接的传输协议,是一种不安全的数据传输协议,它不能保证数据一定能够安全到达目的地。但是它简单、传输数据快,经常适用于可靠性要求不高的场合。

Java 实现 UDP 协议的类有两个,分别是:DatagramPacket 类和 DatagramSocket 类,其中,DatagramPacket 类用于封装 UDP 通信中发送或接收的数据,而 DatagramSocket 类,则是用来负责发送和接收 UDP 数据。

下面分别对 DatagramPakcet 类和 DatagramSocket 类进行详细介绍。

7.3.1 DatagramPacket 类

DatagramPacket 类用于封装 UDP 通信中发送或接收的数据,常用的构造函数有四个:

(1)DatagramPacket(byte[] buf,int length):指定了封装数据的字节数组和数据的大小,没有指定 IP 地址和端口号。

(2)DatagramPacket(byte[] buf,int offset,int length):与第一个构造方法类似,只不过在第一个构造函数的基础上,增加了一个 offset 参数,该参数用于指定接收到的数据,在放入 buf 缓冲数组时是从 offset 处开始的。

(3)DatatgramPakcet(byte[] buf,int length,InetAddress address,int port):不仅指定了封装数据的字节数组和大小,还指定一个目标地址和端口号。

(4)DatagramPacket(byte[] buf,int offset,int length,InetAddress address,int port):与第三个构造函数类似,只不过在第三个构造函数的基础上,增加了一个 offset 参数,该参数用于指定一个数组中发送数据的偏移量为 offset,也就是从 offset 位置开始发送数据。

前两个构造函数主要用来创建 DatagramPacket 对象时,指定数据的字节数组和数据的大小,主要用来接收数据;而后两个构造函数除了指定数据的大小外,还指定数据的目标地址和端口号,主要用来发送数据。

表 7-4 列出了 DatagramPacket 类一些常用的方法。

表 7-4　DatagramPacket 类的常用方法

方法	功能描述
InetAddress getAddress()	用于返回发送端或者接收端的 IP 地址
int getPort()	用于返回发送端或者接收端的端口号
byte[] getData()	用于返回将要接收或者将要发送的数据
int getLength()	用于返回发送端或者接收端要发送数据的长度

7.3.2 DatagramSocket 类

DatagramSocket 类则是用来负责发送和接收 UDP 数据包。

常用的 DatagramSocket 的构造函数有三个:

(1)DatagramSocket():负责在任意可用的本地端口上创建数据包。

(2)DatagramSocket(int port):负责监听已知端口的服务器程序发来的数据包。

(3)DatagramSocket(int port,InetAddress laddr):负责创建在指定端口和网络地址上,监听接收数据包,用于多主机的情况。

表 7-5 列出了 DatagramSocket 类的常用方法。

表 7-5　DatagramSocket 类的常用方法

方法	功能描述
void receive(DatagramPacket p)	用于将接收到的数据填充到 DatagramPakcet 数据包中,在接收到数据之前会一直处于阻塞状态,只有当接收到数据包时,该方法才会返回
void send(DatagramPacket p)	用于发送 DatagramPacket 数据包,发送的数据包中包含将要发送的数据、数据的长度、远程主机的 IP 地址和端口号
void close()	关闭当前的 Socket

这个两个方法都有可能引发 IOException 异常,因此使用时需要放到 try…catch 语句中,除此之外,还会经常用到 close()方法,用来关闭当前的 Socket。

7.3.3　UDP 通信编程实例

进行 UDP 编程时,需要创建一个服务器端程序和客户端程序,程序运行时,先运行服务器端程序,后运行客户端程序,这样才能避免客户端发送的数据无法接收,而造成数据丢失。

下面通过例 7.4 来演示如何实现 UDP 通信编程。

【例 7.4】实现客户端给服务器端发送一条信息,服务器端接收客户端收到信息后,将信息输出。注意程序分成两个部分,服务端程序 Example_0704_1.java 和客户端程序 Example_0704_2.java。

```
//filename：Example_0704_1.java
//服务器端程序
import java.io. * ;
import java.net. * ;
public class Example_0704_1
{
 public static void main(String[] args)
 {
  try
  {
   //创建一个 DatagramSocket 对象,指定端口号为 8080
   DatagramSocket ds＝new DatagramSocket(8080);
   String s＝null;
   byte[] buffer＝new byte[1024];
   //创建一个用来接收数据的 DatagramPacket 对象,抛出 SocketException
   DatagramPacket dp＝new DatagramPacket(buffer,1024);
   //从网络中接收数据包并放入指定的 DatagramPacket 中,抛出 IOException
   ds. receive(dp);
   //从 DatagramPacket 中获取数据,并将其转化为字符串,输出
```

```
    s＝new String(dp. getData(),0,dp. getLength());
    System. out. println(s);
    //关闭连接
    ds. close();
  }
  catch(SocketException e)
  {
    e. printStackTrace();
  }
  catch(IOException e)
  {
    e. printStackTrace();
  }
  }
}
```

服务器端程序负责接收客户端程序发送过来的信息。服务器端程序首先会创建一个 DatagramSocket 对象 ds,并绑定端口号为 8080,监听端口 8080 上发来的消息。创建一个 DatagramPacket 对象 dp,用来接收客户端发送过来的数据。通过 ds. receive(dp)语句,将接收到的数据存入 dp 中。此处要注意:客户端发送过来的数据的大小,不能超过服务器端所能接收数据的大小,比如上面程序定义接收数据的大小长度为 1024,否则数据会丢失。

```
//filename：Example_0704_2. java
//客户端程序
import java. io. * ;
import java. net. * ;
public class Example_0704_2
{
  public static void main(String[] args)
  {
    try
    {
      //创建一个 DatagramSocket 对象,抛出 SocketException
      DatagramSocket ds＝new DatagramSocket();
      //创建一个消息字符串
      String s＝"hello,this is UDP test!";
      //创建一个 DatagramPakcet 来存放字符串,并封装要发送的地址和端口号,抛出
              UnkownHostException
      DatagramPacket dp＝new DatagramPacket(s. getBytes(),s. length(),
```

```
                    InetAddress. getByName("localhost"),8080);
        //将生成的数据包发送出去,抛出 IOException
        ds. send(dp);
        //关闭连接
        ds. close();
        }
        catch(SocketException e)
        {
         e. printStackTrace();
        }
        catch(UnknownHostException e)
        {
         e. printStackTrace();
        }
        catch(IOException e)
        {
         e. printStackTrace();
        }
        }
    }
```

客户端程序负责向服务器端发送一条信息。客户端程序首先创建一个 DatagramSocket 对象 ds,用来发送信息。创建一个要发送数据的 DatagramPacket 对象 dp,在数据中要封装信息、发送的地址、端口号。通过 ds. send(dp)方法,将数据 dp 发送到服务器端。此处要注意的是:InetAddress. getByName("localhost")这条语句中,用了参数 localhost,代表的主机就是当前主机。也就是说,服务器端程序和客户端程序是在同一电脑。

在测试程序时,首先运行服务器端程序 Example_0704_1. java,然后再运行客户端程序 Example_0704_2. java,在服务器端控制台上输出"hello,this is UDP test!"信息。

还要说明的是:如果发送的信息包含中文时,会发现输出的中文只有一部分,问题出在进行数据包封装时,信息的长度是用 s. length(),它表示的是字符串中所有字符的个数。当处理的信息是英文时,没有问题,但当处理的信息是中文时,由于一个汉字由两个字节构成,故求长度时,应采用 s. getBytes(). length 进行处理。

前面程序实现了客户端向服务器端发送一则信息,服务器端收到信息后,将其在控制台上输出,但在实际应用中,网络程序通常是可以相互对话的,也就是说,网络程序应可以既是服务器端又是客户端。那么如何实现程序既可以是服务器端,又可以是客户端呢?

下面对例 7.4 中的程序做进一步改进,在服务器端接收到客户端信息后,再返回一条信息。

【例 7.5】实现客户端给服务器端发送一条信息,服务器端接收客户端收到信息后,向客户端返回"信息已经收到!"信息。

```java
//fileanme：Example_0705_1.java
//接收客户端发送过来的信息,并返回"信息已经收到!"给客户端。
//服务端程序
import java.io. * ;
import java.net. * ;
public class Example_0705_1
{
 public static void main(String[] args)
 {
  DatagramSocket receive1＝null;
  DatagramSocket send1＝null;
  try
  {
   //创建接收数据的 DatagramSocket ,监听端口号为 8083
   receive1＝new DatagramSocket(8083);
   byte[] buf＝new byte[1024];
   //创建发送数据的 DatagramSocket
   send1＝new DatagramSocket();
   //创建反馈信息
   String str＝"信息已经收到!";
   byte[] bytes＝str.getBytes();
   int length＝bytes.length;
   while(true)
   {
   //先接收数据,并输出信息
   DatagramPacket rp＝new DatagramPacket(buf,1024);
   receive1.receive(rp);
   String temp＝new String(rp.getData(),0,rp.getLength());
   System.out.println(temp);
   //发送已收到的信息
   DatagramPacket sp＝new DatagramPacket(bytes,length,InetAddress.getLocalHost
(),8082);
   send1.send(sp);
   }
   }
  catch(Exception e)
```

```
        {
          e. printStackTrace();
        }
        finally
        {
          receive1. close();
          send1. close();
        }
      }
}
//filename：Example_0705_2. java
//向服务器端发送客户端键盘输入信息,并接收服务器端返回的信息
//客户端程序
import java. io. * ;
import java. net. * ;
public class Example_0705_2
{
  private DatagramSocket receive1＝null;
  private DatagramSocket send1＝null;
  public UDPSend()
  {
    try
    {
      receive1＝new DatagramSocket(8082);//用来信息接收
      send1＝new DatagramSocket();//用于信息发送
      new Thread(new ResThread()). start();
      new Thread(new SendThread()). start();
    }
    catch(Exception e)
    {
      e. printStackTrace();
    }
  }
  //定义内部类来创建用于发送信息的线程
  class SendThread implements Runnable
  {
    public void run()
```

```
      {
        byte[] bytes=new byte[1024];
        while(true)
        {
         try
         {
          System. in. read(bytes);
          DatagramPacket sp=new DatagramPacket(bytes,bytes. length,InetAddress. get-
LocalHost(),8083);
          send1. send(sp);
         }
         catch(IOException e)
         {
          e. printStackTrace();
         }
        }
      }
    }
    //通过内部类来创建用于接收信息的线程
    class ResThread implements Runnable
     {
     public void run()
      {
       byte[] bytes=new byte[1024];
       while(true)
       {
        try
        {
         DatagramPacket sp=new DatagramPacket(bytes,1024);
         receive1. receive(sp);
         String message=new String(sp. getData(),0,sp. getLength());
         System. out. println(message);
        }
        catch(Exception e)
        {
         e. printStackTrace();
        }
```

```
            }
        }
    }
    public static void main(String[] args)
    {
        new UDPSend();
    }
}
```

在 Example_0705_2.java 中定义了两个线程,SendThread 线程用于发送数据,ResThread 线程用于接收数据。

程序运行时,首先运行服务端程序 Example_0705_1.java,然后再运行客户端程序 Example_0705_2.java,在控制台输入信息,服务器端接收到控制台输入的信息,并返回"信息已经收到!"给客户端,客户端收到服务器端返回的信息,并在控制台上输出。

7.4 TCP 通信编程

TCP 协议是一种可靠、基于连接的网络传输协议。该协议要求网络通信双方有严格的服务器端和客户端之分。在通信时,必须由客户端去连接服务器端才能实现通信,服务器端不可以主动去连接客户端,并且服务器端程序需要事先启动,等待客户端的连接。

在 java.net 包中提供了两个类用于实现 TCP 编程,一个是 ServerSocket 类,用于表示服务器端,另一个是 Socket 类,用于表示客户端。在进行通信时,首先创建代表服务器端的 ServerSocket 对象,该对象相当于开启一个服务,并等待客户端的连接,然后创建代表客户端的 Socket 对象,并向服务器端发出连接请求,服务器端响应请求,两者建立连接后,开始通信。

将这个过程简单描述,可以分为以下三个步骤:

(1) 由服务器端建立 ServerSocket 对象,负责监听指定端口是否有来自客户端的连接请求。

(2) 由客户端创建一个 Socket 对象,包括欲连接的主机 IP 地址和端口号以及指定使用的通信协议一起发送给服务器端,请求与服务器端建立连接。

(3) 服务器监听到客户端的请求后,也创建一个 Socket 对象,用来接收该请求,此时双方建立连接,可以进行通信。

图 7-4 描述了 TCP 网络编程的基本流程。

7.4.1 ServerSocket 类

通过 ServerSocket 类,可以实现一个在指定的端口号进行监听、并响应客户端请求的服务器端程序。ServerSocket 类提供了多种构造方法,主要有:

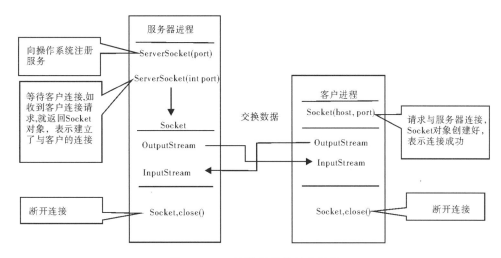

图 7-4　TCP 网络编程的基本流程

（1）ServerSocket()

该构造方法创建一个没有绑定端口的 ServerSocket 对象，在使用时不能直接使用，还需要通过调用 bind(SocketAddress point) 方法，将其绑定到具体端口上才能使用。

（2）ServerSocket(int port)

该构造方法创建了一个指定端口号的 ServerSocket 对象，实现在指定端口上进行监听和响应服务。这里 port 可以是任意没有使用的端口号，不过要注意的是，如果选择 0 作为 port 的值，则表示系统自动分配一个可用的端口，为了避免不必要的麻烦，应该尽量少用这个数值作为端口号，同时尽量选用 1024 以上的端口号，对一些常见的协议使用的端口号要有所了解，如用于 http 协议的 web 服务的端口号为 80，用于 ftp 服务的端口号为 21，用于 pop3 服务的端口号为 110，用于 smtp 服务的端口号为 25 等。

（3）ServerSocket(int port ,int backlog)

该构造方法在第二个构造方法上，增加了一个参数 backlog，该参数用于指定服务器忙时，可以与之保持连接请求的等待客户端的数量，如果没有指定这个参数，默认为 50。

（4）ServerSocket(int port,int backlog,InetAddress bindAddr)

该构造方法在第三个构造方法上，又增加了一个参数 bindAddr，该参数用于指定在哪个 IP 地址上进行监听。这种情况适合服务器中有多个 IP 地址的情况，这时服务器只需要监听指定地址上的连接请求就可以了，不需要去监听该主机上其他地址上的连接请求。

要使用构造方法创建 ServerSocket 对象时，要注意对 IOException 异常的捕获。不能正确创建的原因可能有两个：一个是服务器中已经有一个应用程序占用了该端口号；另一个是在没有使用权限下和 1024 以下的端口号进行连接。在编写程序时，设计者要避免这些问题的发生。

ServerSocket 类的常用方法如表 7-6 所示。

表 7-6　ServerSocket 类常用方法表

方法	功能描述
Socket accept()	该方法用于等待客户端的连接,在客户端连接之前一直处理阻塞状态,如果有客户端连接就会返回一个与之对应的 Socket 对象
InetAddress getInetAddress()	该方法用于返回一个 InetAddress 对象
boolean isClosed()	该方法用于判断 ServerSocket 对象是否处于关闭状态,如果是关闭状态则返回 true,否则返回 false
void bind(SocketAddress endpoint)	该方法用于将 ServerSocket 绑定到指定的 IP 地址和端口号上

7.4.2　Socket 类

ServerSocket 类用于实现服务器端程序,而对于客户端程序,则需要使用 Socket 类,Socket 类用于实现 TCP 客户端程序。Socket 类提供了多个构造方法,主要有以下几种:

(1) Socket()

该构造方法创建了一个 Socket 对象,但没有指定 IP 地址和端口号,不能直接使用,需要调用方法 connect(SocketAddress endpoint)实现与指定服务器进行连接。

(2) Socket(String host,int port)

该构造方法创建了一个指定主机名和端口号的 Socket 对象。

(3) Socket(InetAddress address,int port)

该构造方法创建了一个由 InetAddress 对象所指定的主机名和端口号的 Socket 对象。

(4) Socket(String host ,int port,InetAddress localAddr,int localport)

该构造方法在第二个构造方法上,加上了客户端本地 IP 地址和端口号。

(5) Socket(InetAddress address,int port,InetAddress localAddr,int localport)

该构造方法在第二个构造方法上,加上了客户端本地 IP 地址和端口号。

Socket 类的常用方法如表 7-7 所示。

表 7-7　Socket 类常用方法表

方法	功能描述
int getPort()	该方法用于返回连接的端口号
InetAddress getLocalAddress()	该方法用于返回 Socket 对象绑定的 IP 地址
void close()	该方法用于关闭 Socket 连接
InputStream getInputStream()	该方法用于返回 InputStream 对象
OutputStream getOutputStream()	该方法用于返回 OutputStream 对象

7.4.3　TCP 通信编程实例

在进行 TCP 通信编程时,程序严格区分服务器端程序和客户端程序,服务器端程序通过 ServerSocket 类实现对一个端口的监听,通过 IO 数据流操作获取客户端发送过来的信息。客户端程序通过 Socket 类实现与服务器端进行连接通信,通过 IO 数据流操作获取服务器端发送过来的信息。

【例 7.6】采用 TCP 编程,实现当客户端连接服务器端成功后,服务器端向客户端发送一条信息。

```java
//filename：Example_0706_1.java
//服务器端程序
import java.net. * ;
import java.io. * ;
public class Example_0706_1
{
 public static void main(String args[])
 {
  ServerSocket s = null;
  Socket s1;
  String sendString = "连接服务器成功!";
  OutputStream s1out;
  DataOutputStream dos;
  // 通过 5432 端口建立连接
  try
  {
   s = new ServerSocket(5432);
  }
  catch(IOException e){ }
  // 循环运行监听程序,以监视连接请求
  while (true)
  {
   try
   {
    // 监听端口请求,等待连接
    s1 = s.accept();
    // 得到与 socket 相连接的数据流对象
    s1out = s1.getOutputStream();
    dos = new DataOutputStream(s1out);
    // 发送字符串
    dos.writeUTF(sendString);
    // 关闭数据流(但不是关闭 socket 连接)
    dos.close();
```

```
      s1out. close();
      s1. close();
    }
    catch(IOException e)
    { }
    }
  }
}
//filename：Example_0706_2. java
//客户端程序
import java. net. * ;
import java. io. * ;
public class Example_0706_1
{
 public static void main(String args[]) throws IOException
  {
   int c;
   Socket s1;
   InputStream s1In;
   DataInputStream dis;
   // 在端口 5432 打开连接
   s1 = new Socket("localhost",5432);
   // 获得 socket 端口的输入句柄,并从中读取数据
   s1In = s1. getInputStream();
   dis = new DataInputStream(s1In);
   String st = new String(dis. readUTF());
   System. out. println(st);
   //操作结束,关闭数据流及 socket 连接
   dis. close();
   s1In. close();
   s1. close();
  }
}
```

程序运行时,首先运行服务器端程序,接着运行客户端程序,在服务器端程序控制台输出信息"连接服务器成功!"。

客户端程序与服务器端程序通过端口 5432 进行连接,在服务器端这边首先创建一个 ServerSocket对象 s,对端口号 5432 上的信息进行监听,接着通过调用 accept()方法使用服务

器端程序阻塞,并监听来自端口 5432 的连接请求,直到客户端请求连接到该端口号为止,一旦有客户端发来正确的连接请求,accept()方法将返回一个新的 Socket 对象 s1,表示已经建立连接。连接成功后,就可以打开与 s 绑定的输入输出流。在客户端这边创建一个基于主机名和端口号的 Socket 对象 s1,当与服务器连接成功后,可以打开与 s1 绑定的输入输出流,进行数据的读写操作。此实例中采用 DataInputStream 方式进行数据读写。

当进行数据通信时,通常数据读写上需要采用缓冲技术来提高通信质量,同时在服务器这边当多个客户端进行连接时,一般要采用线程控制,每当有一个客户端连接成功时,开始一个新的线程进行通信。下面例 7.7 演示了在服务器端采用线程控制方法。

【例 7.7】采用 TCP 编程,实现当客户端连接服务器端成功后,开启一个新的线程与客户端进行通信,向客户端发送一条信息。

```java
//filename：Example_0707_1.java
//服务器端程序
import java.io. * ;
import java.net. * ;
public class Example_0707_1
{
  public static void main(String [] args)throws Exception
  {
    System.out.println("Server starting…..\n");
    ServerSocket server＝new ServerSocket(8000);
    while(true)
    {
      Socket s＝server.accept();
      System.out.println("Accepting Connection….\n");
      new ServerThread(s).start();
    }
  }
}
//定义一个线程,接收后,发送客户一个消息
class ServerThread extends Thread
{
  private Socket s;
  ServerThread(Socket s)
  {
    this.s＝s;
  }
  public void run()
```

```
{
    PrintWriter pw=null;
    try
    {
        pw=new PrintWriter(s.getOutputStream(),true);
        String serverSendMessage="welcome to Server";
        pw.println(serverSendMessage);//将信息写入流
    }
    catch(IOException e)
    {
        System.out.println(e.toString());
    }
    finally
    {
        System.out.println("Closing Connection….");
        try
        {
            if(pw!=null) pw.close();
            if(s!=null) s.close();
        }
        catch(IOException e)
        {}
    }
}
}
//filename：Example_0707_2.java
// 客户端程序
import java.io.*;
import java.net.*;
public class Example_0707_2
{
    public static void main(String[] args)
    {
        BufferedReader br=null;
        Socket s=null;
        System.out.println("Connection to Server…");
        //接收对方发过来的消息
```

```
    try
    {
      s＝new Socket("localhost",8000);
      System.out.println("client Connection success");
      InputStreamReader isr＝new InputStreamReader(s.getInputStream());
      br＝new BufferedReader(isr);
      String str＝br.readLine();
      System.out.println(str);
    }
    catch(IOException e)
    {
      e.printStackTrace();
    }
    finally
    {
      try
      {
        if(br!＝null)
          br.close();
        if(s!＝null)
          s.close();
      }
      catch(IOException e)
      {
        e.printStackTrace();
      }
    }
  }
}
```

程序演示过程：

首先运行服务器程序，在控制台上输出：

Server starting…

接着运行客户端程序，在控制台上输出：

Connection to Server…

client Connection success

welcome to Server

此时服务器端控制台上信息变为：

Server starting…

Accepting Connection…

Closing Connection…

7.5 综合实例

前面介绍了 java 的网络编程的一般方法，包括 UDP 编程和 TCP 编程，接下来这一小节来完成一个综合案例，结合图形界面、IO 操作、线程操作、网络编程实现一个聊天室程序。

【例 7.8】程序采用 TCP 编程方法，结合图形界面、IO 操作、线程操作实现多个用户群聊功能，也就是一个公共的聊天室程序，一个聊天室的发言每个在线的人都能看到。聊天者将数据发送给服务器，服务器将它的话转交给每一个在线的人。客户端起始界面如图 7-5 所示，服务器端起始界面如图 7-6 所示。

图 7-5　客户端运行界面初始图

图 7-6　服务器端运行界面初始图

```
//filename：Example_0708_1.java
// 客户端程序
import java.awt. * ;
import java.awt.event. * ;
import javax.swing. * ;
import java.io. * ;
import java.net. * ;
public class Example_0708_1 extends JPanel
{
//属性声明
 private OutputStream outputStream;
 private InputStream inputStream;
 private JTextField sayText＝new JTextField();
 private Socket socket;
 private DefaultListModel lismodel＝new DefaultListModel();
 private JList list＝new JList(lismodel);
 private JTextField nameText＝new JTextField(10);
 private BufferedOutputStream bos;
 private JButton sendButton＝new JButton("发送");
```

```java
private String host＝"127.0.0.1";
private int port＝8082;
public void init()
{
  nameText.setText("DefaultName");
  setLayout(new BorderLayout());
  add(this.getContextPanel(),BorderLayout.CENTER);
  add(this.getButtomPanel(),BorderLayout.SOUTH);
  this.startClient(host,port);
}
public static void main(String args[])
{
  JFrame frame＝new JFrame("Chat Client");//创建一个窗体
  frame.setSize(400,500);//设置窗体大小
  frame.setLocation(150,50);//设置窗体的位置
  ChatClient chatClient＝new ChatClient();//创建一个客户端实例
  chatClient.init();
  frame.add(chatClient);
  frame.setVisible(true);
}
/ ＊＊＊＊＊＊＊＊＊＊＊＊与服务器建立连接并获取输入输出流＊＊＊＊＊＊＊＊＊＊＊＊/
private boolean flag＝true;
private void startClient(String host,int port)
{
  try
  {
    socket＝new Socket(InetAddress.getByName(host),port);
    inputStream ＝socket.getInputStream();
    outputStream＝socket.getOutputStream();
    bos＝new BufferedOutputStream(outputStream,1024);
    System.out.println(bos);
    new ResevWord(inputStream).start();
  }
  catch(UnknownHostException e)
  {
    e.printStackTrace();
  }
```

```
catch(IOException e)
{
  e. printStackTrace();
  flag＝false;
}
}
```

/＊＊＊＊＊＊＊＊＊＊＊＊＊＊＊定义信息展示部分界面设计＊＊＊＊＊＊＊＊＊＊＊/

```
private JPanel getContextPanel()
{//界面面板设计
 JPanel panel＝new JPanel();
 panel. setLayout(new BorderLayout());
 JPanel p1＝new JPanel();
 p1. add(new JLabel("我的名字:"));
 p1. add(nameText);
 panel. add(p1,BorderLayout. NORTH);
 panel. add(new JScrollPane(list),BorderLayout. CENTER);
 return panel;
}
```

/＊＊＊＊＊＊＊＊＊＊＊＊＊＊＊定义发送部分设计及发送按钮事件处理＊＊＊＊＊＊＊＊＊＊＊＊＊/

```
private JPanel getButtomPanel()
{
 JPanel panel＝new JPanel();
 panel. setLayout(new BorderLayout());
 panel. add(sayText,BorderLayout. CENTER);
 sendButton. addActionListener(new ActionListener()
 {
  public void actionPerformed(ActionEvent e)
  {
   sendData();
  }
 });
 panel. add(sendButton,BorderLayout. EAST);
 return panel;
}
```

/＊＊＊＊＊＊＊＊＊＊＊＊＊＊＊发送数据到服务器＊＊＊＊＊＊＊＊＊＊＊＊＊＊＊＊＊/

```
private void sendData()
{
```

```
    String word=nameText. getText()+"说: "+sayText. getText();
    try
    {
     bos. write(word. getBytes());
     bos. flush();
    }
    catch(IOException e)
    {
     e. printStackTrace();
    }
  }
/ ＊＊＊＊＊＊＊＊＊＊＊＊＊＊定义一个内部类接收信息,采用线程处理＊＊＊＊＊＊＊＊＊＊/
class ResevWord extends Thread
{
  InputStream ips=null;
  BufferedInputStream bis=null;
  byte[] bytes=new byte[1024];
  public ResevWord(InputStream ips)
  {
   this. ips=ips;
   bis=new BufferedInputStream(ips,1024);
  }
  public void run()
  {
   while(flag)
   {
    try
    {
     bis. read(bytes);
     String word=new String(bytes);
     word=word. trim();
     lismodel. add(0, word);
    }
    catch(IOException e)
    {
     e. printStackTrace();
     flag=false;
```

```
        }
      }
    }
  }
}
//filename：Example_0708_2.java
//服务器端程序
import java.awt.*;
import java.awt.event.*;
import javax.swing.*;
import javax.swing.table.DefaultTableModel;
import java.io.*;
import java.net.*;
import java.util.Vector;
import java.util.Enumeration;
public class ChatServer extends JPanel
{
  private JPanel topPanel=new JPanel();
  private JPanel buttomPanel=new JPanel();
  private DefaultTableModel defaultModel;
  private JTable nameTable;
  private JButton exitButton;
  private JList list;
  private DefaultListModel listModel;
  private JButton sendButton=new JButton("发送");
  private JTextField sayWord=new JTextField();
  private Vector totalThread=new Vector();
  private int port=8082;
  public static void main(String[] args)
  {
    JFrame mf=new JFrame("Char Server");
    ChatServer server=new ChatServer();
    mf.getContentPane().add(server);
    mf.setLocation(150,0);
    mf.setSize(450,450);
    mf.addWindowListener(new WindowAdapter()
    {
```

```java
      public void windowClosing(WindowEvent e)
      {
        System. exit(0);
      }
    });
    server. init();
    mf. setVisible(true);
  }
  public ChatServer()
  {
    this. setLayout(new GridLayout(2,1));
  }
  /************服务器界面的设计***********/
  public void init()
  {
    String[] columName=new String[]{"用户名称","IP"};
    String[][] tempData=new String[][]{{"",""}};
    defaultModel=new DefaultTableModel(tempData,columName);
    nameTable=new JTable(defaultModel);
    nameTable. setRowHeight(22);
    exitButton=new JButton("StopServer");
    exitButton. addActionListener(new ActionListener()
    {
      public void actionPerformed(ActionEvent e)
      {
        System. exit(0);
      }
    });
    topPanel. setLayout(new BorderLayout());
    topPanel. add(new JLabel("在线用户",JLabel. LEFT),BorderLayout. NORTH);
    topPanel. add(new JScrollPane(nameTable),BorderLayout. CENTER);
    listModel=new DefaultListModel();
    list=new JList(listModel);
    JPanel temp=new JPanel(new BorderLayout());
    temp. add(sayWord,BorderLayout. CENTER);
    sendButton. addActionListener(new ActionListener()
    {
```

```
public void actionPerformed(ActionEvent arg0)
{
  sendData();
}
});
temp.add(sendButton,BorderLayout.EAST);
JPanel temp2=new JPanel();
temp2.add(exitButton);
temp.add(temp2,BorderLayout.SOUTH);
buttomPanel.setLayout(new BorderLayout());
buttomPanel.add(new JScrollPane(list),BorderLayout.CENTER);
buttomPanel.add(temp,BorderLayout.SOUTH);
this.add(topPanel);
this.add(buttomPanel);
new StartServer().start();
new UpDataThread().start();
}
class StartServer extends Thread
{
  public void run()
  {
    try
    {
      ServerSocket serverSocket=new ServerSocket(port);
      while(true)
      {
        try
        {
          Socket socket=serverSocket.accept();
          AcceptThread acceptThread=new AcceptThread(socket);
          acceptThread.start();
          totalThread.add(acceptThread);
        }
        catch(IOException ex2)
        {
          throw ex2;
        }
```

```
            }
        }
    catch(IOException e)
    {
        e. printStackTrace();
    }
    }
}
private void addWord(String word)
{
    listModel. add(0，word);
}
/ * * * * * * * * * * * * * 将服务器说有信息发送给所在在线用户 * * * * * * * * /
private void sendData()
{
    String temp="服务器说:"+sayWord. getText(). trim();
    sendWordToEveryone(temp. getBytes());
    addWord(temp);
}
/ * * * * * * * * 刷新 IP 地址 * * * * * * * * * /
class UpDataThread extends Thread
{
    public void run()
    {
        while(true)
        {
        String[] columName=new String[]{"用户名称","IP"};
        String[][] tempData=new String[][]{};
        defaultModel=new DefaultTableModel(tempData,columName);
        AcceptThread tempThread=null;
        Object tempObject=null;
        Enumeration enum2=totalThread. elements();
        while(enum2. hasMoreElements())
        {
            tempObject =enum2. nextElement();
            if(tempObject! =null)
            {
```

```
        tempThread＝(AcceptThread)tempObject;
        if(tempThread. isAlive())
        {
          defaultModel. addRow(new String[]
          {
          tempThread. getUserName(),tempThread. getUserIP()
          });
        }
        else
          tempObject＝null;
        }
        nameTable. setModel(defaultModel);
      }
      try
      {
      sleep(6000);
      }
      catch(InterruptedException e)
      {
      e. printStackTrace();
      }
    }
  }
}
/＊＊＊＊＊＊＊实现接收用户发的信息并转发给每个在线用户＊＊＊＊＊/
class AcceptThread extends Thread
{
 Socket socket＝null;
 InputStream inputStream＝null;
 OutputStream outputStream＝null;
 String name＝"DefaultName";
 String ip;
 boolean flag＝true;
 BufferedInputStream bis;
 BufferedOutputStream bos;
 byte[] bytes;
 public AcceptThread(Socket socket)
```

```
    {
        this. socket＝socket；
        ip＝socket. getInetAddress(). getHostAddress()；
        System. out. println(ip)；
        try
        {
         inputStream＝socket. getInputStream()；
         outputStream＝socket. getOutputStream()；
         bos＝new BufferedOutputStream(outputStream,1024)；
        }
        catch(IOException e)
        {
         e. printStackTrace()；
         if(socket!  ＝null)
         {
           try
           {
             socket. close()；
           }
           catch(IOException e1)
           {
             e1. printStackTrace()；
           }
         }
         flag＝false；
        }
    }
    public void run()
    {
     bis＝new BufferedInputStream(inputStream,1024)；
     while(flag)
     {
       try
       {
         bytes＝new byte[1024]；
         bis. read(bytes)；
         String temps＝new String(bytes)；
```

```
        temps＝temps. trim();
        name＝temps. substring(0,temps. indexOf("说"));
        addWord(temps);
        sendWordToEveryone(bytes);
      }
    catch(IOException e)
    {
      e. printStackTrace();
      flag＝false;
    }
  }
}
/＊＊＊＊＊＊＊＊＊＊＊＊＊＊＊实现信息的发送＊＊＊＊＊＊＊＊＊＊＊＊＊＊＊＊/
public void sendWord(byte[] bytes)
{
  try
  {
    bos. write(bytes);
    bos. flush();
  }
  catch(IOException e)
  {
    e. printStackTrace();
  }
}
/＊＊＊＊＊＊＊＊＊＊＊＊＊＊获取用户的姓名＊＊＊＊＊＊＊＊＊＊＊＊＊＊＊＊＊/
public String getUserName()
{
  return name;
}
/＊＊＊＊＊＊＊＊＊＊＊＊＊＊＊获取用户的 IP 地址＊＊＊＊＊＊＊＊＊＊＊＊＊＊＊/
public String getUserIP()
{
  return ip;
}
}
/＊＊＊＊＊＊＊＊＊＊＊＊＊将信息发送给每个在线的用户＊＊＊＊＊＊＊＊＊＊＊＊/
private void sendWordToEveryone(byte[] bytes)
```

```
{
  Enumeration enum1＝totalThread.elements();
  while(enum1.hasMoreElements())
  {
    Object tempObject＝enum1.nextElement();
    if(tempObject! ＝null)
    {
      AcceptThread tempThread＝(AcceptThread)tempObject;
      if(tempThread.isAlive())
      {
        tempThread.sendWord(bytes);
      }
    }
  }
}
```

程序运行时先启动服务器端程序,然后再启动客户端程序,为了体现群聊效果,开启了三个客户端程序,分别以用户名:张三、李四、王五进行聊天。运行结果分别如图 7-7～图 7-10 所示。

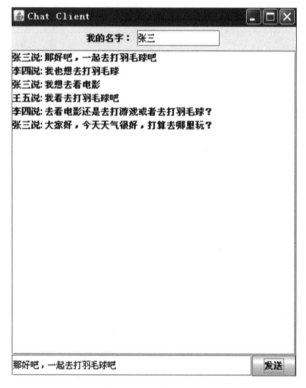

图 7-7 张三聊天界面图

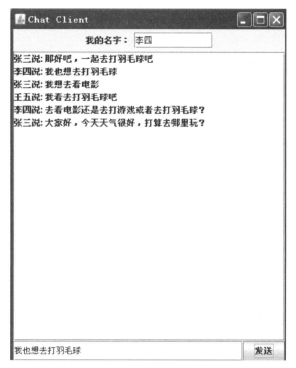

图 7-8　李四聊天界面图

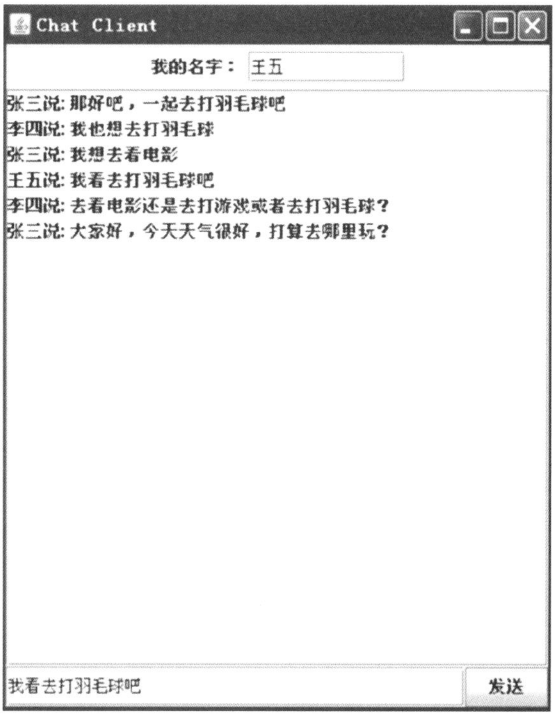

图 7-9　王五聊天界面图

图 7-10   服务器端运行界面图

 本章小结

　　本章首先介绍了网络编程的基本知识,包括 OSI 七层模型、TCP/IP 体系结构、TCP 协议和 IP 协议的基本知识。接着介绍了网络编程中经常用到的 InetAddress 类和 URL 类,然后介绍了 UDP 编程方法和 TCP 编程方法,最后结合图形界面、IO 操作、线程操作等知识完成了一个公共聊天室程序。

　　通过对本章的学习,了解网络编程的基础知识,掌握了 InetAddress 类、URL 类的使用方法,同时掌握了 UDP 编程和 TCP 编程的基本技术。

 习　题

　　7.1　简述 TCP 协议与 UDP 协议的区别。

　　7.2　使用 InetAddress 类获取本机 IP 地址和清华大学的 IP 地址。

　　7.3　使用 UDP 协议编写一个网络程序,由发送端向接收端发送一条中文信息“你好!”,程序的监听端口号为:8080。

　　7.4　使用 TCP 协议编写一个网络程序,由客户端向服务器端发送一条信息“hello!”,然后服务器端返回客户端一条信息“fine”。

第 8 章

数据库编程

本章要点

- JDBC 技术。
- 数据库连接。
- 一些相关类。

8.1　JDBC 技术概述

　　Java 连接数据库主要通过 JDBC 技术来进行，通过 JDBC 技术，Java 实现了在不同平台上对大多数数据库的连接和访问，并提供统一的接口。本章将通过 JDBC 连接 Access 和 MySQL 数据库来具体说明 Java 的数据库连接和操作方法。

　　JDBC 是 Java Database Connectivity 技术的简称，它是 Java 进行数据库编程的 API，为开发人员提供了一套访问各种数据库的标准编程接口。这个标准编程接口，使得基于多种后台数据库的程序开发变得非常容易实现，开发人员只要使用 JDBC API 开发一个数据库访问程序就可以了，没有必要为访问 SQL Server 数据库写一个程序，为访问 Oracle 数据库专门写一个程序，或者为访问 MySQL 数据库又写另一个程序。JDBC 的体系结构如图 8-1 所示。

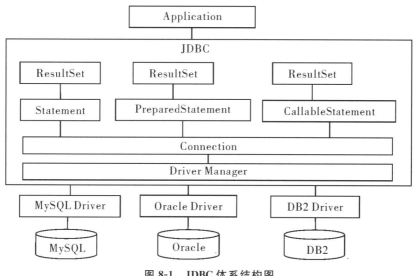

图 8-1　JDBC 体系结构图

使用 JDBC 进行数据库操作一般经过如下步骤：(1)加载驱动程序；(2)创建与数据库的连接；(3)发送 SQL 语句到任何关系型数据库中；(4)处理数据。

8.2 连接 Access 数据库

本节讲解通过 JDBC 连接 Access 数据库并进行数据处理的例子。本例运行在 win7 操作系统上，且安装了 Access 数据库软件。Access 数据库名为“db1.db”，位于 F:\test\java\chap11，db1.db 中有张表名为“student”，student 表的结构如图 8-2 所示，student 表的内容如图 8-3 所示。

student

字段名称	数据类型
学号	文本
姓名	文本
专业	文本
地址	文本

图 8-2　student 表结构

student

学号	姓名	专业	地址
2006001	王六	电子	湖南
2006002	张三	通讯	四川
2006003	李五	计算机	福建

图 8-3　student 表内容

那么按照 8.1 节介绍的使用 JDBC 进行数据库操作的步骤，如下的程序将进行简单的数据库连接，并将 student 表的内容逐一地显示出来。

```
import java.sql.*;
public class DirectAccess
{
 public static void main(String[] args) throws Exception
 {
  String url="jdbc:odbc:Driver={Microsoft Access Driver (*.mdb)};
  DBQ=F:\\test\\java\\chap11\\db1.mdb";
  //加载驱动程序
```

```
Class. forName("sun. jdbc. odbc. JdbcOdbcDriver");
//连接数据源
Connection conn = DriverManager. getConnection(url,"","");        //获取连接
Statement st = conn. createStatement();                          //声明
ResultSet rs = st. executeQuery("select * from student");        //执行 SQL 语句
while(rs. next())
{
 System. out. println(rs. getString(1)
 +"\t"+rs. getString(2)+"\t"+rs. getString(3)
 +"\t"+rs. getString(4)+"\t");
}
rs. close();
st. close();
conn. close();
 }
}
```

在上述程序中,注意要写对 url 中的 DBQ 路径,它对应 access 数据库的具体位置。其他的代码见程序注释,并对照图 8-1 进行理解。上述程序的执行结果如图 8-4 所示。

图 8-4　程序运行后将显示 student 表内容

8.3　连接 MySQL 数据库

本节讲解通过 JDBC 连接 MySQL 数据库并进行数据处理的例子。本例运行在 Windows7 操作系统上,安装了 MySQL 数据库软件且 MySQL 服务成功启动,如图 8-5 所示。本例中 MySQL 数据库名为 test,test 中有张表名为 customers,表结构和表中相应的数据如图 8-6 所示。

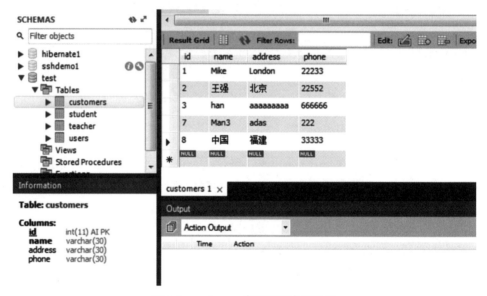

图 8-5　MySQL 服务成功启动

图 8-6　customers 表结构和表中数据

　　使用 JDBC 进行 MySQL 数据库操作大体上也要进行如下的步骤:(1)加载驱动程序;(2)创建与数据库的连接;(3)发送 SQL 语句到任何关系型数据库中;(4)处理数据。

　　和利用 JDBC 连接 Access 数据库不同的是,在连接 MySQL 数据库时,首先必须获取 JDBC连接 MySQL 数据库的驱动程序,本例用的是 mysql-connector-java-5.1.37-bin.jar 包。利用 Eclipse 进行开发时,首先必须在项目中添加上述 jar 包。如下的程序将进行简单的 MySQL 数据库连接,并将 customer 表的内容逐一地显示出来。

```
import java.sql.*;
public class DirectMySQL
{
  public static void main(String[] args) throws Exception
  {
    final String url = "jdbc:mysql://127.0.0.1/test"; //连接数据库 test
    final String name = "com.mysql.jdbc.Driver";
    final String user = "root";
```

```
final String password = "123456";
final String sql ="select * from customers";//SQL 语句
Connection conn = null;
PreparedStatement pst = null;
ResultSet rs = null;
Class. forName(name);//指定连接类型
conn = DriverManager. getConnection(url, user, password);//获取连接
pst = conn. prepareStatement(sql);//准备执行语句
rs = pst. executeQuery();//执行语句,得到结果集
while(rs. next())
{
  System. out. println(rs. getString(1)
  +"\t"+rs. getString(2)+"\t"+rs. getString(3)
  +"\t"+rs. getString(4)+"\t");
}
rs. close();
pst. close();
conn. close();
 }
}
```

在上述程序中,注意要写对 url 中的数据源的写法和 Access 数据库的不同。其他的操作过程大体相同。上述程序的执行结果如图 8-7 所示。

Problems	Declaration	Console ✕

\<terminated\> DirectMySQL [Java Application] C:\jre7\bin\javaw.exe (2017年1(

1	Mike	London	22233	
2	王强	北京	22552	
3	han	aaaaaaaaa		666666
7	Man3	adas	222	
8	中国	福建	33333	

图 8-7　DirectMySQL 程序运行后的结果

本章主要介绍 Java 通过 JDBC 连接数据库并操作数据的方法,其中对连接 Access 和 MySQL 数据库做了详细的介绍。通过本章的学习,要明确了解 JDBC 在数据库操作中的重要

作用,重点掌握几种常见的数据库连接的具体实现,并掌握 JDBC 对数据库中的数据的具体操作。

习 题

8.1 JDBC 的主要功能是什么?它由哪些部分组成? JDBC 中驱动程序的主要功能是什么?

8.2 编写一个应用程序,实现可以从 Access 数据库的某个表中查询一个列的所有信息。

8.3 编写一个应用程序,实现可以从 MySQL 数据库的某个表中查询一个所有列的所有信息。

8.4 创建一名为 BookDB 的 MySQL 数据库,并创建如下图 8-8~图 8-11 中所示的表,表中的记录如图 8-8~图 8-11 中所示。编写程序完成如下操作。

bookNo	classNo	bookName	authorName	publishingName	publishingNo	price	publishingDate	shopDate	shopNum
001-000001	001	藏地密码9	何马	重庆出版社	9787229027896	19.60	2005-9-1 0:00:00	2005-10-1 0:00:00	30
001-000002	001	别对我撒谎	连谏	江苏文艺出版社	9787539939308	28.00	2005-9-1 0:00:00	2005-10-1 0:00:00	35
001-000029	001	杜拉拉升职记	李可	陕西师范大学…	9787561339121	17.70	2007-7-1 0:00:00	2007-7-1 0:00:00	70
002-000001	002	目送	龙应台		9787108032911	39.00	2009-9-1 0:00:00	2009-10-1 0:00:00	50
002-000002	002	十二味生活设计	林怡芬	文化艺术出版社	9787503942983	36.00	2009-9-1 0:00:00	2009-10-1 0:00:00	200
003-000001	003	艾米的旅程	大卫卡普	现代出版社	9787802448261	48.00	2006-9-1 0:00:00	2006-10-1 0:00:00	110
003-000002	003	大力水龙和地…	建晓东	哈尔滨出版社	9787548400257	30.00	2006-9-1 0:00:00	2006-10-1 0:00:00	25
004-000001	004	遇见未知的自己	张德芬	华夏出版社	9787508044019	29.50	2007-9-1 0:00:00	2007-10-1 0:00:00	20
004-000002	004	不抱怨的世界2	威尔鲍温	陕西师范大学…	9787561349830	19.60	2007-9-1 0:00:00	2007-9-1 0:00:00	30
005-000001	005	你在为谁读书	尚阳	湖北少儿出版社	9787535333056	18.00	2008-1-1 0:00:00	2008-6-1 0:00:00	80
005-000002	005	别让学习折磨你	杜慧	华夏出版社	9787508054025	19.30	2008-1-1 0:00:00	2008-6-1 0:00:00	120
008-000001	008	战略管理	斯特里	机械工业出版社	7111096541	108.00	2002-2-4 0:00:00	2002-10-1 0:00:00	100
008-000002	008	组织行为学(第…	乔治	北京大学出版社	9787301163191	62.30	2010-7-1 0:00:00	2010-7-1 0:00:00	200
009-000001	009	数据库系统原…	万军选	清华大学出版社	9787302205906	38.00	2009-9-1 0:00:00	2010-4-19 0:00:00	60
009-000002	009	离散数学	徐斌		9787302102502	29.00	2003-8-7 0:00:00	2004-5-7 0:00:00	90
009-000003	009	数据系统概论	张香连	电子工业出版社	9787121000805	21.00	2004-7-1 0:00:00	2004-9-1 0:00:00	150
009-000004	009	信息系统开发…	陈佳	清华大学出版社	9787302102502	20.00	2005-2-1 0:00:00	2005-8-1 0:00:00	100
* NULL	NULL	NULL	NULL	NULL	NULL	NULL	NULL	NULL	NULL

图 8-8 Book 表的记录

classNo	className
001	小说
002	文艺
003	青春
004	励志
005	少儿
006	生活
007	人文社科
008	经济管理
009	科技
010	教育
011	工具书
012	国外原版书
013	期刊
* NULL	NULL

图 8-9 BookClass 表的记录

readerNo	bookNo	borrowDate	returnDate	ifReturn
0700001	003-000001	2006-11-12 0:0...	2007-4-10 0:00:00	True
0700001	005-000002	2008-12-25 0:0...	2009-4-12 0:00:00	True
0700002	001-000001	2007-4-2 0:00:00	2007-10-1 0:00:00	True
0700002	001-000002	2007-8-12 0:00:00	2007-12-20 0:0...	False
0700002	008-000001	2010-10-1 0:00:00	2010-12-20 0:0...	False
0700002	009-000003	2007-12-30 0:0...	2008-3-12 0:00:00	True
0700003	002-000001	2009-11-14 0:0...	2010-4-10 0:00:00	True
0700003	002-000002	2009-11-14 0:0...	2010-5-1 0:00:00	True
0700008	008-000001	2005-6-1 0:00:00	2005-9-1 0:00:00	True
0700008	008-000002	2010-9-1 0:00:00	2010-12-1 0:00:00	False
0800003	009-000004	2006-5-20 0:00:00	2006-8-20 0:00:00	False
0800004	001-000029	2007-8-1 0:00:00	2007-11-1 0:00:00	True
0800005	009-000001	2010-4-17 0:00:00	2010-7-17 0:00:00	False
0800006	009-000004	2005-10-20 0:0...	2006-3-5 0:00:00	True
0800007	001-000029	2007-9-10 0:00:00	2007-12-10 0:0...	False
0800009	002-000001	2009-12-15 0:0...	2010-5-10 0:00:00	False
0800009	002-000002	2009-12-15 0:0...	2010-5-10 0:00:00	False
0800009	009-000002	2006-7-15 0:00:00	2006-10-15 0:0...	True
0800009	009-000003	2005-9-1 0:00:00	2005-12-25 0:0...	False
0800010	008-000002	2005-7-1 0:00:00	2005-10-1 0:00:00	False
0800011	001-000029	2007-9-20 0:00:00	2007-12-20 0:0...	False
0800012	009-000004	2005-11-12 0:0...	2006-4-12 0:00:00	False
0800013	008-000002	2010-10-1 0:00:00	2011-3-1 0:00:00	False
0800014	009-000001	2010-4-18 0:00:00	2010-7-18 0:00:00	False
0900025	001-000001	2005-11-1 0:00:00	2006-3-2 0:00:00	True
0900025	009-000002	2005-12-2 0:00:00	2006-4-1 0:00:00	False
0900025	009-000003	2006-3-5 0:00:00	2006-8-12 0:00:00	False
NULL	NULL	NULL	NULL	NULL

图 8-10　borrow 表的记录

readerNo	readerName	sex	birthday	workUnit
0700001	李小勇	男	1990-1-1 0:00:04	计算机学院
0700002	刘方晨	女	1991-3-5 0:00:04	会计学院
0700003	王红敏	女	1989-1-1 0:00:04	计算机学院
0700004	张可立	男	1991-4-20 0:00:04	信息管理学院
0700006	李湘东	男	1992-7-1 0:00:04	计算机学院
0700007	章李立	NULL	1991-3-1 0:00:04	信息管理学院
0700008	李相东	男	1990-1-1 0:00:04	会计学院
0800001	李勇	男	1988-8-1 0:00:04	电子与自动化...
0800002	刘晨	女	1987-9-8 0:00:04	艺术学院
0800003	王敏	女	1985-1-1 0:00:04	信息管理学院
0800004	张立	男	1984-5-20 0:00:04	会计学院
0800005	王红	男	1982-4-17 0:00:04	外国语学院
0800006	李志强	男	1991-9-11 0:00:04	建筑工程学院
0800007	李立	女	1991-8-17 0:00:04	信息管理学院
0800008	黄小红	女	1992-3-14 0:00:04	会计学院
0800009	黄勇	男	1983-1-1 0:00:04	外国语学院
0800010	李宏冰	女	1986-1-8 0:00:04	建筑工程学院
0800011	江宏吕	男	1979-11-1 0:00:04	艺术学院
0800012	王立红	男	1984-5-21 0:00:04	信息管理学院
0800013	刘小华	女	1991-12-18 0:0...	计算机学院
0800014	刘宏昱	男	1991-11-20 0:0...	会计学院
0900025	马永强	男	1991-6-26 0:00:00	外国语学院
1000001	文章	男	1987-6-26 0:00:00	计算机学院
NULL	NULL	NULL	NULL	NULL

图 8-11　Reader 表的记录

（1）查询类别名称为"青春"的书名，作者和出版社名称，逐条显示每条记录。

（2）把清华大学出版社图书的单价上调 10％，并显示修改前和修改后的图书信息。

（3）在图书表 Book 中插入一条记录，图书编号为：003-000004，分类号：003，图书名称：会飞的狗，单价：24，出版社名称：中国少年儿童出版社。

（4）删除编号为"0700007"的读者信息。

参考文献

［1］张思民.Java 语言程序设计［M］.9 版.北京:清华大学出版社,2007.

［2］Cay S. Horstmann,Gary Cornell.Java 核心技术(卷 1):基础知识［M］.周立新,陈波,叶乃文,等译.北京:机械工业出版社,2013.

［3］尹菡,崔英敏.Java 程序设计入门［M］.北京:人民邮电出版社,2017.

［4］邹蓉.Java 面向对象程序设计［M］.北京:机械工业出版社,2017.

［5］雍俊海.Java 程序设计教程［M］.3 版.北京:清华大学出版社,2014.

［6］辛运帏,饶一梅,马素霞.Java 程序设计［M］.3 版.北京:清华大学出版社,2013.

［7］陈艳平,徐受蓉.Java 语言程序设计实用教程［M］.北京:北京理工大学出版社,2015.

［8］刘丽华.Java 程序设计［M］.3 版.长春:吉林大学出版社,2014.

［9］谭浩强.Java 编程技术［M］.北京:人民邮电出版社,2003.

［10］黑马程序员.Java 基础案例教程［M］.北京:人民邮电出版社,2016.

［11］明日科技.Java 从入门到精通［M］.4 版.北京:清华大学出版社,2017.

［12］王希军.Java 程序设计案例教程［M］.北京:北京邮电大学出版社,2012.

［13］石磊,张艳,吕雅丽,等.Java 开发实例教程［M］.北京:清华大学出版社,2017.

［14］刘新.Java 程序设计案例教程［M］.北京:机械工业出版社,2017.

［15］传智播客高教产品研发部.Java 基础入门［M］.北京:清华大学出版社,2014.

［16］叶东毅.C 语言程序设计教程［M］.2 版.厦门:厦门大学出版社,2014.